U0175237

喝茶问祖

鞠肖男 著

中国青年出版社

跨界从事业之典范

科技文化融合之珍品

目录

前　言

翻开厚厚的中华文明史，每一页都飘散着茶香。

自古及今，亿万茶士都在寻觅着一杯真正的好茶。

步入茶行，茫茫然也。五颜六色，大树小芽，方圆扁长，老饼新绿，气香味韵，各说其妙。

些许茶知识，如同砖头瓦块零散堆砌在那里，各学科间的纵横逻辑关系不明，进入的是一个无序的知识环境，没有一个有机的体系，即使学茶多年仍是不得要领。

要清晰地把茶看明白，须以足够的历史深度纵览茶从起源到当今的发展全过程，从全球的视野来审视所有的茶，打通发现茶功效的脉络、传播迁徙的脉络、品种衍化的脉络、加工演进的脉络、品质变化脉络等，挖掘其历史发展的必然性，理出各脉络之间的联动关系，定位重大转折事件发生的时间与地域交汇点，推证出发展趋势和规律性，透彻茶內在的逻辑关系，得以构建起一个完整的茶学框架体系。用现有的科研成果进行附证，以中国传统文化的高度提升纬度，在框架里所有茶学问题都能找到相应位置，让茶学进一步的研究找到方向。

需着力究竟的问题有：

1. 考证茶的发源地在哪里。
2. 探究人类何时何地发现茶。
3. 梳理对茶功效认知的历史过程。
4. 推证茶的迁徙时间和迁徙路线。
5. 摸清茶迁徙生态环境变化的规律。
6. 推导茶品种形成的衍化法则。
7. 明了茶原料品质变化的规律。
8. 拷问茶为什么要加工以及加工的价值取向。
9. 明确六大茶类形成的内在关系和缘由。
10. 构成好茶的要素是什么。

这些问题一一厘清，找出了其各自的内在逻辑关系和变化规律，将它们组合起来，就形成一个有机的整体茶学体系，各茶学知识得以各就其位，有章可循，有理相依。

十三年沉浸在茶的世界里，探索艰辛却也快乐，此书正是要把这个过程分享给读者，以减少茶人的困惑为欣慰，让茶的世界更加清澈。

今作灰郎灰蘊【泰卦】拔茅連茹【王註】根相牽引貌【程傳】根之相
皿【孟子】飯糗茹草【莊子人間世】不飲酒不茹葷者數月矣　又食
不茹園葵　又啜也【爾雅釋詁】啜茹也　又貪也恣也【揚子方言】
又【說文】茹飤牛也【廣韻】飤馬也　又度也【詩邶風】不可以茹
俟求【今注】茹菜瘦也　又臭敗也【呂氏春秋】以茹魚驅蠅蠅愈至
來茹【前漢食貨志】菜茹有畦【晉書地理志】環蔭穩桑都茶茹　又
也　又水名【水經注】瀘水又東茹水注之　又地名【前漢地理志】
及茹陂以溉稻田　又姓【晉書五行志】茹千秋爲驃騎咨議【通志】
皆茹于字義無係如易之連茹王謝諸茹易辭讀詩之匪茹來
音如嫩茹藺茹字詩篆及劉雅疏音汁茹茹毛茹草茹蘆茹字音
進以漢茹不茹茹毛虞列于茹音以來茹形茹等茹列于蘇音并

𦬰

【唐韻】居虯切【集韻】居尤切並音樛【說文】
草之相糾繚也　又【字彙】古肴切同丩

茻

【集韻】文紡切音
凡茻之屬皆从
切作錄訓逐兔艸中也非艸茻之義　又【廣韻】模朗切音莽
回叢生　又滿補切音姥　又莫後切音某義从同【玉篇】作并

茼

第一章

什么是好茶

好茶=好的原料+恰当的加工

什么是好茶

对茶学的所有研究，最终要落在什么是好茶这个根本问题上。对好茶认知概念的偏差，会导致对茶一系列认知的偏差。

什么是好茶其实是一个历史问题，一代又一代的爱茶人思考了一千多年，至今还没有形成一个公认的明确答案。

唐代以前，茶是提神醒脑、清热解毒的一味药。因那时茶的种植范围较小，品质差异不大，对茶好坏的区分还没有强烈的需求。

到了唐代，人们发现了茶的保健功能，于是开始把茶当作日常饮品，对茶品质的优劣产生了需求。陆羽在《茶经·之源》中对茶的优劣做了划分："野者上，园者次。阳崖阴林，紫者上，绿者次；笋者上，牙者次；叶卷上，叶舒次。"而在《之造》篇，陆羽又从加工的角度分析了什么是好茶，饼茶的形状不分里外，应该以其

茶圣陆羽

外形的匀整、松紧、嫩度、色泽、净度来评判优劣。

只能说，陆羽根据成茶的优劣总结出生长环境与茶品质的关系，但受时代局限，并未触及问题的根本。

同时代的白居易是远离生产的士大夫，他在诗中写道："盛来有佳色，咽罢余芳气。不见杨慕巢，谁人知此味？"他只能从汤色与香气来评判什么是好茶，也未找到好茶的根本所在。

茶兴于唐而盛于宋，有意思的是，到了宋代，茶的生产制作以及饮茶的方式都发生了很大改变，"龙团凤饼"盛行，饮茶方式也由煎茶转变为点茶，对什么是好茶这个问题开始进行更深入的探讨。

宋代最著名的关于茶的论述莫过于宋徽宗的《大观茶论》和蔡襄的

唐人饮茶图

《茶录》，对比来看，他们都非常注重茶的产地、制造及点茶的细节，具有审美的引导作用。

宋徽宗的《大观茶论》中，更细致地从茶园、采摘时间、蒸压、茶器、用水、点注手法等环节讨论何谓好茶。蔡襄的《茶录》中则写道："茶色贵白。……以肉理润者为上，

既已末之，黄白者受水昏重，青白者受水鲜明，故建安人开试，以青白胜黄白。”这是典型的舍本求末来评判茶的好坏，并未真正回答什么是好茶。

从唐代开始，朝廷建立了贡茶制度，于是就有人认为贡茶就是好茶。唐代的贡茶出自顾渚，以顾渚紫笋为典型代表。到了宋代，由于经历了一段小冰河期，气温降低，导致江南的茶发芽迟，来不及供给，贡茶的产地转移到了更加温暖的建安，即今福建建瓯一带。如宋代诗歌中记载的“年年春自东南来，建溪先暖冰微开”“北苑将期献天子，林下雄豪先斗美”，每年三月，建安的茶都会加急运到京城汴梁，供皇帝权臣享用。

贡茶就一定是好茶吗？事实却是，这是典型的局限性造成的，无非是矮子里面拔将军罢了。

明清时期，伴随茶叶种植区域的扩大，茶的种类变得多样，人们关于好茶的讨论越来越多。

明朝时发现，复杂的加工并不能提高茶的品质，改团为散以行政的压力催生制茶工艺的简化，让喝茶这件事变得简单。如果说在宋朝喝茶还有一些贵族化倾向，到了明清，茶已是开门七件事之一，是家家户户离不了的日用品，相应的，茶的消耗在变大。

需求和产能的扩大，意味着明朝不能像宋朝那样采茶以芽头为主，当年发的新叶也进入采摘的范围。茶叶老一点，苦涩度就高一些。于是为了掩盖粗老叶子的苦涩，人们就从制作、选水、茶器、冲泡方法等角度做了各种尝试，并从各个方面来论证好茶与以上步骤都是什么关系。

你会发现，当好茶的标准没有从根儿上明确，好茶的

琳琅满目的茶

标准会一直变化，但都是在外围打转。

因此，什么是好茶？是始于陆羽，在白居易、蔡襄、宋徽宗、张岱、乾隆帝等史上知名茶人心中贯穿，并延续至今，但却是始终解答不了的一桩悬案。

如今，我们置身在更加复杂的选择之中，茶的种类太多、品牌万千，令人眼花缭乱，消费者更是不知什么才是真正的好茶。

在众说纷纭中，普遍的说法是：我喜欢的茶就是好茶，这种率性而自我的主张却经不起推敲。

你喜欢的茶并非好茶，你的健康就会受到损害。

你喜欢的茶是好茶时，你会过着健康的生活。

你喜欢的是高品质的好茶，你过的是有品质的生活。喝茶，很多时候反映着一个人的品位。

我们经常还能听到这些说法：好喝就是好茶，嘴巴总不会做假；喝得舒服的才是好茶，身体感受骗不了人；高山云雾出好茶；大师做的是好茶；有故事的是好茶；上贡皇帝的是好茶；一分价钱一分货，价高者自然是好茶；看包装，标明了“特级”的当然是好茶，凡此等等，不一而足。

这样看来，寻找“什么是好茶”的答案，就会陷入盲人摸象的悖论之中——摸到尾巴说大象是扫把，摸到腿说大象是柱子，摸到肚皮说大象是墙。有意思的是，大家都坚信自己的说法是绝对正确的。

换角度总是看不清问题，只有升维度才能给大象一个简单明确的定义，只需简单的几个字：长鼻目哺乳动物。

其实，茶也一样，给其一个明确的定义，才能避免陷入盲目而主观的误判。

《礼记·经解》言："君子慎始，差若毫厘，谬以千里。"

好茶的定义是否明确，是正确认识茶的基础，是研究茶各个层面的一个基本出发点。对这个定义的认识出现偏差，会引起对茶认知的一系列的错误概念。

大道至易至简，小道至繁至密，邪道至玄至晦。究竟者，务求诸法实相。

茶的实相是什么？是生长于山间的植物，经由人类采摘制作，而变成可以泡饮的茶。至于用的什么水、什么器、什么手法、以多少秒的时间出汤，都是笼罩在茶身上的虚相。

于是，我们就能给出一个简单的公式：

好茶=好的原料+恰当的加工

一个正确的定义必须满足其必要条件和充分条件，定义越简单越接近真理，适用的范围也越广。

这个公式，几乎适用所有入口的食物。好的原料是根本，是必要条件。比如野生鱼，与池塘里大批量出产的养殖鱼自然也存在云泥之别，一道好菜，用同样品种的野生鱼还是养殖鱼，哪个更好吃，昭然若揭。

茶也不例外，早在陆羽的时代，已经发现了野生茶优于种植茶，可惜陆羽的脚步没有抵达云南、贵州、四川，他所观察的对象局限在了中叶种与小叶种，而且以茶园种植茶居多。如果陆羽到了云南，看到原始森林中几十米高的大茶树，或许《茶经》的文字会改写。

好的原料是上天赐予的，是人为无法干预的，这是好茶的根本和基础。加工是辅助手段，是根据原料的状况以及食用者的喜好，来决定加工的方法，加工没有最好的，只有恰当的。当然，加工要以尊重茶的天性、呵护茶蕴含的自然能量为准则。

茶原料的品质由哪些因素决定

观天之道，执天之行，尽矣。

——《阴符经·上篇》

任何一种生命的品质均取决于其生长的生态环境。生态环境决定生命的质量。

生态好，茶原料才好，才可能制出好茶。

“人法地，地法天，天法道，道法自然。”

人类在大地上生活，遵循大地万物运行的规则；大地之上有天，万物的生长繁衍依据自然气候的变化而进行；而自然气候、天象变化，需遵从宇宙间的大道；无形的大道，则依从自然法则而行进。万事万物均有运行规律，找到规律就找到了探究事物本质的钥匙。

茶原料，顾名思义就是茶鲜叶，鲜叶采自茶树，鲜叶的品质由茶树的生长环境好坏说了算。茶树能不能长好，则由生长环境所决定。

每一个生命都有其适宜和喜好的生态环境，生态环境的状况决定了它能否健康生长。生态环境越优越，生命就越健康，这是大自然的基本规律。在这一点上，具有普适性，比如果子好不好吃，同样是由果园的生态环境决定的。

有一次我去兰州出差。离开时，从兰州市区坐车前往机场。走到半途，负责接待的工作人员突然停下了车，说要去旁边一个村子里买一些桃子给我们吃。我们觉得他太客气了，说北京也有桃子，不必麻烦。这个朋友很坚持，告诉我们，这个村子就是大家耳熟能详的歌曲《在那桃花盛开的地方》所歌唱的地方，一定要我们尝尝这里的桃子。

桃子买了回来，桃皮可以撕下来，果肉细腻，口感清甜，果然非常好吃。这个朋友告诉我们，只有这片地方的桃子这么好吃，离开这个村子，不远处其他果园的桃子就很普通了。这个地方的桃子为什么长得好，是由特殊的土壤和气候决定的。

准确、客观评价茶原料品质，是厘清茶界乱象的前提。

生态环境决定茶原料的品质。茶生长的生态环境与茶原料品质优劣呈正比。生态环境是茶原料好坏的根本性决定条件。

简单来说，好茶的原料必出自好的生态环境，生态环境越好，原料越好，茶就越好。

生态条件越好，茶原料的品质越好。
加工只能把固有品质最大化，
无法提高原料品质。

由于未从原料的评价标准出发，目前对茶品质好坏的判断大多是靠主观感受，即使是茶界的专家学者，也无法通过现有的茶标准对茶进行全面评价，也没有一个业内的机构可以对茶原料的品质进行精确定位。

中国茶的现状是没有标准只有故事，故事讲好了，茶就好了。这是如今茶界最大的问题，也是茶走不出国门的原因所在。

茶原料的品质与生态环境的状况一致，只要找出影响茶原料品质的主要生态环境要素，对每个生态环境要素进行量化，因为每个生态要素对茶原料品质的影响程度不同，再对每个要素进行权重，最后综合起来的得分，就等同于茶原料的评价结果。这个方法可以不拘茶类，从原料出发，茶的评价体系就获得了一个可靠有效的基础性方法。

茶的生态环境如何评价呢？古人很早就认识到，茶有自己独特的生长环境要求。陆羽说："上者生烂石，中者生砾壤，下者生黄土。""野者上，园者次。阳崖阴林，紫者上。"烂石在哪里，野生茶在哪里，阳面又有树荫遮蔽的地方在哪里？哪里才能长出好茶？

不只是陆羽，历代茶人都发现了这一规律。唐代的李群玉在《龙山人惠石廪方及团茶》中说："自云凌烟露，采掇春山芽。"宋代的陈襄在《古灵山试茶歌》中更是留下"仙鼠潭边兰草齐，雾芽吸尽香龙脂"的诗句，以此来说明高山茶品质好，因为吸进了云雾中的"龙脂"。

清初的才子冒襄在《岕茶汇抄》中解释了为什么高山茶优于低海拔的平地茶，"茶产平地，受地气多，固其质浊。岕茗产于高山，泽是风露清虚之气，固为可尚"。

在数代茶人经验总结下，"高山云雾出好茶"成为一句关于好茶的人人耳熟能详的铁律。

然而，受时代的局限，古人知其然不知其所以然，看到了现象，却没有认识到本质。为什么高山云雾出好茶？

其实从现代科学来看，是有原因的。

透过现象看本质，分析茶原料的品质与生长环境的关系，可以将与茶生长环境相关的要素具体分为以下九个方面。

一、海拔

“高山云雾出好茶”是茶人千年来总结出来的经验。几乎任何一个茶产区，当地山上高海拔的茶，品质都优于低海拔的茶，这充分印证了海拔与茶品质的关系。比如四川蒙顶山海拔一千米左右的茶，当地人要提前预订才能买到，价格在二千元上下一斤。山腰，尤其是山下的茶，价格只有一二百元一斤。海拔越高，茶树所喜欢的各种生态要素就越好，茶原料的品质就越好，也才可能做出好茶。茶生长的最高海拔是多少呢？教科书上找不到答案。实践是检验真理的唯一标准，于是我用了五年多的时间，对西南、华南、江南、东南等地的茶区进行了实地勘查，对比分析了大量的数据，得出这样的结论：茶树生长的区间是0～2800米，2800米是茶树的极限生存海拔；真正意义上的野生茶只生长在1750～2800米，海拔1750米以下几乎没有严格意义上的野生茶；总体上来看，茶树品质与海拔呈正比，海拔越高，茶原料越好，海拔越低则品质越差。

之所以海拔越高茶原料越好，是因为在海拔2000米以内的高山，降雨量通常随着海拔的升高而增加。茶树在水分充足的条件下，一方面在光合作用下，形成的糖类化合物缩合会存在难度，纤维素就不易形成，茶叶不易老，茶的持嫩性较好；另一方面，水分充足利于茶树的氮代谢，鲜叶中的全氮量和氨基酸含量就高，茶的内含物质会更加平衡。另外，随着海拔的升高，气温就会下降，海拔每增高100米，气温大概降低0.5摄氏度。温度的变化对应着茶树中酶的活性，新梢中茶多酚的含量随气温升高而增加，随气温降低而降低，而茶叶中的氨基酸和芳香物质则伴随海拔的升高而增加。高海拔地区气温低，茶叶持嫩性好，生长时间长，物质积累也高于低海拔区域的茶。

海拔越高，气温低一些，湿度大一些，茶中的茶多酚、儿茶素则会减少，氨基酸和芳香物质含量会增多，茶叶的苦涩味会减轻，做出来的茶自然更为甘爽芬芳。

二、生态链的完整性

生态链是多种生命在大自然中经过漫长的衍化，物竞天择形成的。典型特征是多种生命相互依存、相互制约、和谐共生，不同物种之间形成物质流、营养流、能量流，不同的生命都各有价值，在生态链中发挥着独特的作用。

费孝通先生说："各美其美，美人之美，美美与共，天下大同。"每一个生命都是生态链的组成部分，是贡献者，也是受益者，在相互竞争中形成动态平衡。物种越多，生态链越长，生态环境就越稳定，越有利于各种生命的健康生存。

海拔高的地方，大多为原始森林，没有人为的干预，每个生命在它最自然的生态链里，这种环境就是它最适宜的生存环境。

以茶树而言，青苔为大树护根，大树为青苔遮阴，藤萝蔓草依附茶树而生，茶树吸附花草的香气；茶籽茶花为鸟儿提供能量，鸟儿又反过来帮茶树驱虫，互惠互利，和谐相生。在一个完整的生态链中，茶树对疾病和虫害有天然的预防和自愈能力。其他植物的枯萎飘落，也能为茶树提供天然的有机肥料，茶树的营养是丰富而均衡的。

茶原料品质的决定因素——生态链的完整性

反之，在生态链被人为干预的人工茶园，物种单一，茶树拥挤不堪，树有多高根有多深，茶树的根系在同样的深度交织在一起，它们在同一个地方汲取同样的营养，再肥沃的土壤，几年就会出现营养不足。为了保证产量，只能对茶园施肥。而化肥只能提供几种营养元素，而茶的需求却是成百上千种，茶就会长期处在营养不均衡和营养不良的状态。化肥也会促使杂草疯长，很多茶园不得不使用除草剂，除草剂杀死的仅仅是草吗？单一品种种植的茶园必然出现以茶叶为食的虫子，为了杀虫就得使用杀虫剂。虫子有抗药性，杀虫剂也得不断迭代。除草剂喷在茶叶上也被吸收了，茶的品质多少都会被伤害。除了看得见的虫子，还有看不见的病菌，因抗体单一，病毒入侵就会大面积传染，难免要用抗病毒药。可是是药三分毒呀！

周而复始，生物链不完整的人工茶园靠化肥、农药、除草剂、抗病剂维系，茶树吸收这些物质，就会有农残、药残，这样的茶对人身体会好吗？

茶作为大自然中普通的生命，其生态链越完整，就越健康，茶原料的品质就越好。

三、土壤

陆羽早就说过，好茶生烂石，茶喜欢富含有机弱酸性的矿物质含量高的土壤。茶有多高，根就有多深，土壤中的有机肥和矿物质的多寡决定着茶树的生长状况，也就决定着茶原料的好坏。

深林的落叶日久月深，雨淋日晒，腐化后转化为腐殖质，土壤层有机质丰厚而且疏松是茶树的最爱，陆羽说：上者生烂石。烂石是被严重风化的岩石，大量的矿物质和微量元素已融入土壤中，茶树可以选择汲取到。这就是高山茶都具有回甘强、茶味饱满、茶气足的特点的缘由。

茶原料品质的决定因素——土壤

高海拔的野生环境中，植物是共同分享一方土地，大地的营养循环往复而有力地供给。与肥料催生的台地茶不同，山上的茶树虽然长势较慢，但一般都是芽叶肥壮，茶叶内含物质更为丰富。

而人工茶园的土壤，主要由化肥提供营养，即便补充有机肥，也只是接近茶的需求，却永远达不到茶的最佳需求。

四、温度

温度是茶树生长必不可少的重要因素之一，温度影响茶树的地理分布，也影响茶树的生长速度和品质。

茶树喜温凉，畏寒热，四季如春是茶的最爱，这一点跟人类非常相似。茶树最适宜的温度是指茶树生长最旺盛、最活跃的温度，温度在15℃～25℃之间。此时茶树新梢的日生长量可达1.5毫米以上。高于30℃茶生长缓慢，甚至停止生长，高于34℃，茶会被灼伤。如果连续气温超过35℃时间过长，新梢会枯萎、落叶。茶树临界温度是45℃，一旦接近或超过这个温度茶树甚至会死亡。

茶在适宜的温度区间生长的时间越长，茶树的生长状况越好，茶原料的品质就越好。而超出茶树适宜温度区间之外越多，时间越长，茶树的生长状况就越差，茶原料的

茶原料品质的决定因素——温度

品质也就必然下降。

人为扩大茶的种植范围，让茶去适应生存温度的极限，茶或许能够勉强生存，但过冷过热种植茶边延地区的茶，原料品质不可能高。

五、温差

“早穿皮袄午穿纱，抱着火炉吃西瓜”，是我国西北地区昼夜温差大的真实写照。温差大造就了新疆、甘肃等地水果甘甜。这种现象在植物界具有普遍性，对茶也不例外。

茶原料品质的决定因素——温差

白天温度高，光合作用充分，叶片新陈代谢快，就会产生大量的内含物质。而晚上气温低，茶的脉络迅速收紧，叶面毛孔收缩，能最大限度保留光合作用的成果，利于内含物质的积累。

植物学里有这样一个说法：低纬度、高海拔，年平均温差小，日平均温差大的地方，最利于植物的生长。茶树也是一样，在高海拔地区，日温差可达10℃～15℃，由于昼夜温差大，新梢生长缓慢，但内含物质积累多，持嫩性强，茶叶的品质自然优良。而低海拔地区的日温差一般在5℃，茶叶来不及积累过多内含物质，容易变老，茶的品质自然较差。

六、云雾

古人知道“高山云雾出好茶”，于是就以云雾来命名好茶，如江西的“庐山云雾”、湖北的“熊洞云雾”、安徽的“黄山毛”、江苏的“花果山云雾”等。

茶喜欢光照，但又不喜欢长时间的强光直射，而是喜欢有云雾遮挡的漫反射光。海拔高的山脉，云雾缭绕，能反射大量的长波光，中波光和短波光在云雾中形成漫反射

茶原料品质的决定因素——云雾

光。也就是说，云雾使红橙黄绿青蓝紫七种可见光中的红黄光得到加强，而这两种光有利于提高茶叶中叶绿素和氨基酸的含量，意味着茶的碳代谢加快，糖类、氨基酸、芳香物质等含量增多，有利于提高茶叶的滋味、香气。一般的云雾茶都具有鲜爽、柔和、清新的特点。

一年当中，只有高海拔的山上，云雾笼罩天数超过100天的茶区所产的茶才能称为云雾茶。常年被云雾笼罩的茶树，原料品质要优于没有云雾缭绕的茶树。

七、光照

生命无阴不生，无阳不长。宋徽宗在《大观茶论》中写道："植产之地，崖必阳，圃必阴。盖石之性寒，其叶抑以瘠，其味疏以薄，必资阳和以发之；土之性敷，其叶疏以暴，其味强以肆，必资阴荫以节之。阴阳相济，则茶之滋长得其宜。"

茶喜阴畏晒，这种特性是由于茶树的祖先长期处在光线较弱的生态条件下，逐渐形成喜阴的遗传特性。

科学实践表明，茶最喜欢强烈的阳光，但又需要被遮蔽掉30%左右的漫射光。就像儿童要晒太阳补钙一样，最适宜的是晒不太稠密的大树底下的花太阳。满足茶树阴阳相济的需求，就需要云雾笼罩和大树庇护，也就是海拔高、植物茂盛的地方。

茶原料品质的决定因素——光照

光是光合作用的基础，光质、光照强度和光照时间等因素，不仅影响茶树的代谢，也会影响茶树的发育阶段和生理过程。

茶树是对光质非常敏感的植物，前面已经说过，黄光和红光为茶树所喜，这是因为这两种光的光合效率较高。光照强度不同，茶树的叶片形态也会有明显的区别，强光照射下，为防止灼伤，茶树的叶片叶形小、厚，节间短，叶质硬脆；而在柔和的光照下，叶片大、薄，节间长，叶质柔软。

适度遮阴对茶的原料品质能起到明显的调控作用，云雾和高树遮挡有利于茶叶原料品质的提高。

低海拔的人工茶园，就失去了云雾对茶原料品质的加持。

八、湿度

水是茶树有机体的重要组成部分，茶树体内的一切生命活动都离不开水。在长期的进化过程中，茶树形成喜湿、怕旱、畏涝的特点，最喜欢常年保持较大湿度的地方，茶区年降雨量在1500毫米左右为佳，但湿度要在一

茶原料品质的决定因素——湿度

年中较为均匀。忌夏涝冬旱。

茶树是一种叶用植物，在生长期间，尤其是春季，嫩芽不断被采收，又不断长出新芽，对水分就有特殊的要求。在缺水的状况下，茶芽生长缓慢，严重缺水会导致落叶甚至死亡；但如果水分过多，就会导致土壤氧气不足，长期积水的情况下，根系容易缺氧死亡。

要满足茶树的这种特点，就需要保证雨量充足，但土壤需具有迅速排涝的能力。这同样是海拔高土石相间的茶园才能具备，山高水量充足，茶树又长在斜坡上，土壤结构为混杂砂石的砾壤，遇到雨水大，能快速排涝。在这里不得不佩服陆羽，一句简洁的“上者生烂石”，是对高海拔石头与风化砾壤混杂的精准描述。

茶树对水质也有很高的要求，如果地下水被工业或生活用水污染了，甚至空气污染严重下了酸雨，那将是对茶树的致命打击。

土壤和空气的湿度在一年中保持在65%左右的小幅波动，则茶树生长状况良好，茶原料品质为佳。反之，低海拔地区，冬天旱，夏天涝，湿度波动太大，茶原料的品质必差。

九、空气

茶性易染，空气质量也是影响茶树生长的重要因素之一。空气洁净度对于茶原料的好坏至关重要。

茶树这种酚类植物吸附力极强，空气中的其他杂质和味道都会被茶吸进去，而且吸入之后很难代谢掉。如果空气中有不良异味，会直接反映到茶的口感上。海拔越高，空气越干净，污浊之气往往随着海拔降低而下沉。因此，海拔高，空气清新，茶原料的品质就好，反之亦然。

另外，茶树的生态环境也对空气有影响，植被丰富，净化能力强，不但能让周围的空气更为洁净，也会散发出植物自然的芬芳，被茶树所吸收，从而丰富茶原料的内含物质。一些茶树生长在高海拔、植被丰茂的环境中，做出来的茶的香气和口感层次更为丰富隽永。

影响茶原料的生态因素还有很多，但这九大生态要素基本决定了茶原料的品质。把影响茶原料品质的九个生态要素，分别找到最佳和最差的两个极端点，在两个极端点之间标出量化的刻度，就造成了某一生态要素衡量生态状况的一把尺子。比如茶生长的海拔在0至2800米之间，分成十等份，每280米为1分，满分为10分。如某一个茶树所生长的海拔高度是560米的话，那么这个茶原料在海拔这个要素上的得分就是2分。

九个生态要素分别量化后，就形成了九个生态尺子，就可以从九个生态方向衡量某某产地的生态水平状况。九个生态要素对茶原料、品质的影响程度不同，需要进行权重。这样，九个生态尺子，就可以衡量任何一个茶产区的生态水平了，最低分0分，最高分90分。根据茶原料水平与所生长的生态环境呈绝对正比的关系。生态环境的得分，就是此地茶原料品质的得分。如此，就有了一个准确

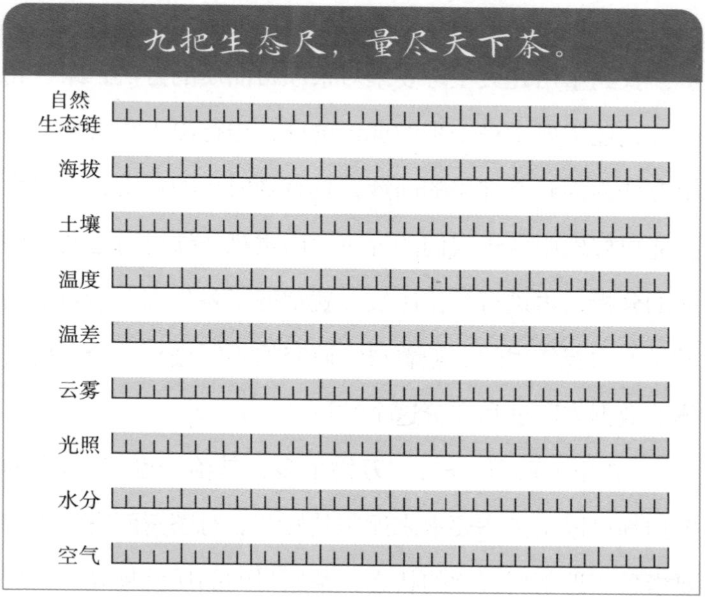

九把生态尺，量尽天下茶。

生态要素
自然生态链
海拔
土壤
温度
温差
云雾
光照
水分
空气

生态与茶原料品质呈正比

任何一个茶生态状况的水平，可以用九大生态要素来衡量。

生态水平＝茶原料的品质水平！

天尊地卑，乾坤定矣。卑高以陈，贵贱位矣。

——《易经》

评价茶原料品质的方法。这个方法对现有茶标准、做了一个根本性补充，进而就可以构建出衡量所有茶品质优劣的标准体系，这对茶学来说是具有历史的现实意义的。茶原料的品质与准确评价，使茶的生产有理可循，让消费者更能明明白白地喝茶。

找到了用九大生态要素对茶原料品质的方法，路径和目标，还需要做进一步的理论论证，进行深入和细化。这个方法为揭开茶神秘的面纱，具有划时代的意义，必将为茶能更好地服务于我们的健康做出贡献。通过对这九大要素的分析，再进行量化比较，就掌握了各生态要素对茶品质是如何起作用的。随着科学研究的不断进步，会有更具体的数据来印证和完善这个结论。

《易经·系词》曰："万物虽多，其治一也。"所有的植物都可以用生态要素来评判其好坏。对茶树而言，生态要素越接近茶树喜欢的状态，茶原料的品质就越高。当所有的要素在一个顶点汇合，那就是天生完美的茶原料，自然也就能做出天生完美之茶。

茶树的起源问题

认祖归宗，才能正本清源。

不知道茶的发源地在哪里，怎么能说真懂茶？！

“执古之道，以御今之有；能知古始，是谓道纪。”

老子的《道德经》第十四章主要讲的是“道”的本源：掌握古往今来的“道”，才能驾驭今天存在的现象；只有找到源头，才能认识、把握万事万物的规律。

在老子的世界观中，道是看不见、听不见、摸不着的存在，却万变不离其宗，自古至今神奇地指引着世间万物的运行。

我们学习茶、认识茶也是一样的道理，只有从茶树的源头来审视其发展进程，才能准确掌握茶的演化规律。

知其所来，识其所在，才能明其将往。探寻茶的来路，认识茶身处的位置，才能明晰茶的去处。

茶的发源地在哪里？这是研究茶的起点。只有认祖归宗才能正本清源，只有明白茶在什么条件下起源，站在宏观的角度，才能明确所研究的点在茶的历史发展中所处的位置，全面而不失偏颇。

中华文明史以五千年不间断而傲然于世，一个重要的特征是任何事物都有历史典籍记载。然而翻遍所有的史书，却找不到茶的起源的明确史料。回顾诸多经史子集，居然也没有一本能称得上茶正史的典籍。茶的历史如此漫长，作为饮茶大国，赋予了茶灿烂文明的国家，关于茶的历史记载却是欠缺的。

茶被人类发现和使用至少已有五六千年，但在唐以前只有零星的文字记载。大约成书于西汉时期的字书《尔雅·释木》中有“槚，苦荼”一条，是中国历史文献中首次关于茶的确切记载。“槚”在周秦古文中原指楸木，而“荼”字则有苦菜、白茅、秽草等含义。这两个字原本都与茶无关，但在此后便增添了新的含义，定义了“茶”这种植物。两晋时期著名文学家、训诂学家郭璞注“树小似栀子，冬生，叶可煮羹饮。早采者为荼，晚取者为茗，一名荈。蜀人名之苦荼。”进一步明确了“荼”“茗”“荈”乃茶早期的名称。

西汉末年王褒的《僮约》一文中有"烹荼尽具""武阳买荼"的字句，这里的"荼"是否做"茶"解，古今学者均有异议。《茶经》中录有汉末三国时张揖的《广雅》："荆巴间采茶做饼，叶老者，饼成以米膏出之。欲煮茗饮，先炙令色赤，捣末置瓷器中，以汤浇覆之，用葱姜、橘子芼之。"两者互证，"荼"应该为"茶"，这是关于茶作为商品交易的最早文字。

中国因民族众多，方言之间差异甚大，对茶的称呼也难以统一，故而存在"荼""槚""茗""荈""蔎"等音字。一直到陆羽的《茶经》，才把这纷纭的称谓归为一个"茶"字。

"茶起于唐，盛于宋"唐代以前无"茶"字，而只有"荼"字的记载，直到《茶经》的作者陆羽，方将荼字减一画写成"茶"，因此有茶起源于唐代的说法。

茶唐前为药，唐后为饮，这是茶的使用发生了重大变化，于是有了茶字，与饮茶一起到了现今。

魏晋时期，西晋陈寿所著的《三国志·吴书·韦曜传》载：三国末年，吴主孙皓荒淫残暴，每逢宴飨，无不竟日，群臣无论能否，皆强令饮酒七升。韦昭不胜酒力，孙皓怜之，“常为裁减，或密赐荼荈以当酒”。（注：韦曜即韦昭，官至中书仆射、侍中，著名史学家，著有《吴书》五十五卷。陈寿修《三国志》为避文帝司马昭诲改称韦曜。）

东晋《世说新语·纰漏》中记任育长赴王丞相宴，“坐席竟，下饮，便问人云：‘此为茶，为茗？’觉有异色，乃自申明云：‘向问饮为热为冷耳。’”大意是任育长赴丞相王导的筵席，落座先问主人待客的茶好坏，自觉失语，情急生智，慌忙改口。古语“茶”与“热”，“茗”与“冷”音相近。

《茶经·之事》录《晋中兴书》，“陆纳为吴兴太守，时卫将军谢安常欲诣纳，纳兄子俶怪纳，无所备，不敢问之，乃私蓄十数人馔。安既至，所设唯茶果而已。俶遂陈盛馔珍羞必具，及安去，纳杖俶四十，云：‘汝既不能光益叔父，奈何秽吾素业？’”这里是以茶来彰显陆纳的简朴。

晋常璩的《华阳国志·巴志》:“周武王伐纣，实得巴蜀之师，著乎尚书……其地东至鱼复，西至僰道，北接汉中，南极黔涪。土植五谷，牲具六畜，桑蚕麻苎，鱼盐钢铁，丹漆茶蜜……皆纳贡之。”按照常璩的推断，早在商周，茶已作为贡品进入宫廷。

这些记载，一方面说明茶已传入中原，人们对茶的认知停留在茶是源于巴蜀之地的植物，类似于草药之类的土特产，未做进一步探究。

总之，在唐以前，茶以微小的身姿寄身在浩瀚的文史典籍中，星星点点，难以梳理出完整的线索。

第一部关于茶的专业著作，是一千三百多年前陆羽写的《茶经》。在《茶经·之源》的开篇，陆羽以简单的一句“茶者，南方之嘉木也”概而言之。在描述茶的形态时，他这样写道:“一尺二尺，乃至数十尺。其巴山峡川有两人合抱者，伐而掇之。”我们知道，陆羽是走了很多茶区，做了实地考察，才写出了《茶经》，而他的脚步，却因为时代所限而未抵达巴山峡川，以及更西南的南诏，“两人合抱”是传闻，也是陆羽的想象，并非亲眼所见的实证。

陆羽所处的时期，恰逢唐、吐蕃、南诏三足鼎立，南诏的国境包括今云南全境以及贵州、四川、西藏、越南、缅甸的部分土地，它的大部分区域都产茶。

大唐与南诏的关系时好时坏，交界地纷争不断。从天宝年间开始，大唐与南诏进行了三次大的战争。加上持续八年的安史之乱，举国上下再无宁日，西南的茶叶产地陆羽只能“虽不能至，心向往之”，带着某种深深的遗憾笼统写下一句“南方之嘉木也”。

茶“兴于唐，盛于宋”，再到明清的遍地开花，茶走进千家万户，成为人人再熟悉不过的存在。奇怪的是，当茶的身影无处不在，人们品茶、斗茶，茶入了画、被写成诗，却没有人去追问茶是怎么来的，它的起源地在哪里。

如果没有争议，人们大概不会关注茶究竟起源于何地。茶传播至日本、欧洲等地后，国际上的共识是茶树原产于中国，是来自东方的神奇饮品。而1824年，驻印度的英国少校布鲁斯（R.Bruce）在印度阿萨姆省沙地耶（Sadiya）发现有野生茶树后，国际科学界展开了一场茶树起源地之争。

印度起源说的论据是，印度有野生茶树，这种阿萨姆种树高叶大，而当时没有人发现中国有野生茶树，普遍认为中国茶树矮叶小，于是得出印度阿萨姆种是茶树原种，印度是茶树的起源地的结论。

这种说法在封闭的清朝并没有引起多大的回响，尤其是至晚清陷入内忧外患的水深火热，更是无人关心茶到底起源于何处。到了20世纪，国门打开，伴随着民族意识的觉醒和科学启蒙，茶的起源地这一重大问题才引起中国植物学家、茶叶专家的重视。

1932年，农学家、茶学专家吴觉农先生发表了《茶树原产地考》，他的这一篇文章是我国首篇系统驳斥外国某些人有意歪曲茶树原产地的专论，也是一篇声讨殖民主义者进行经济文化掠夺的檄文。他把目光投向了云南，认为茶起源于云南的澜沧江流域。他认为，云南不但有数量颇多的野生大茶树，而且有栽培型大茶树，有力证明了茶树起源于中国，反驳了印度阿萨姆起源说的荒谬。

云南有植物王国之称，中国科学院最大的植物研究所坐落在昆明也并非偶然。如今，茶发源于中国的西南地区虽是主流认知，在国际上却仍未定论。因此有必要从科学的角度仔细梳理论证，明确茶的发源地究竟在什么地方。

茶的发源地在哪里

只有站在茶的发源地，才能尽览天下茶演义。

茶起源于澜沧江中下游，临沧是起源地的核心区，临沧的高山原始森林是全世界茶的始发点，临沧是天下茶唯一的祖庭。

“乾知大始，坤作成物。在天成象，在地成形。”

乾者，阳也，天也，乾是万物的起源；坤者，阴也，地也，坤能成就万物。人们知道了天上日月星辰运转的法则，懂得了地上山川草木成形和变化的原理，那么对于过去未来的情形也就自然而然都明了了。

古人的智慧早已给我们指明了方向，寻找茶的发源地，一个方向是升纬度，由宏观角度出发，从植物学、生态学，乃至生命发展史、地球发展史上寻求答案；另一个是从微观的角度探究，利用现代科学，联动分子、基因等学科，找到答案。

根据这两个方向，进行详细的考证，把茶的起源有新的发现，梳理出来，希望能与大家讨论。

从地球发展史推测茶明确起源于澜沧江中下游。

地球的演化变迁是人类历史之母。地球诞生以来，几大板块始终在漂移中。大约在两亿年前的中生代初期，地球上的大陆是连成一片的，南半球称之为“冈瓦纳古陆”，分裂漂移成南美洲、非洲、南极洲和印度古陆。北半球称之为“劳亚古陆”，分裂漂移成北美大陆和欧亚大陆（包括中国古陆）。漫长的地质变迁，在欧亚大陆的东南部，形成气候温和雨量充沛、极适合动植物生长的天堂。一亿年前的中生代后期，被子植物大量产生，为各类植物创造了诞生的条件。

六千五百万年前，一颗巨大的陨石撞在了地球上，据推测落在了北美洲的墨西哥湾。巨大的撞击引发了地震和火山爆发，击起的尘埃遮天蔽日笼罩了地球，无尽的动植物燃烧让空气中充满了一氧化碳等有毒气体，导致地球的第五次生命大灾难，地球上80%左右的生命灭绝。

地球经过五百万年才缓过来，尘埃落定，毒气消散，阳光重新照在了大地上。有害气体浓度降低，气温回升，终于在六千万年前地球迎来了一个生命的大爆发期，众多的植物物种争相出世，其中第一株山茶科植物，在欧亚大陆东部的南缘诞生。

五千万年前新生代始新世时期，印度板块从南半球漂移到了北半球，与亚欧板块相撞，将西藏高高抬起成为青藏高原，挤压出世界屋脊——喜马拉雅山脉。

在山脉东段的南部，北回归线穿过的地方，有着独特的地理风景。北回归线穿过了撒哈拉沙漠、阿拉伯沙漠、印度大沙漠，这似乎是一条生命的死亡线，唯独在这里，在今中国版图的南部，长出一片浓浓的生命之绿。

融化的冰雪冲出金沙江、澜沧江、怒江水系，形成三

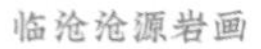

临沧沧源岩画

江并流的奇观。北高南低，南北走向的高山峡谷，成为印度洋季风进入中国大陆的主要水汽通道，太平洋季风的末端也能抵达这里。崇山峻岭、深谷浅沟，在这独特的地理气候影响下，具有鲜明的海洋性和大陆性气候的优点，冬无严寒，夏无酷暑，雨量充沛，气候温和，少霜多雾，是各种植物生长演化的理想生态环境。这个区域被称为植物王国，众多植物在其间肆意成长。

在距今两百万年到三百万年前的新生代第四季，地球进入冰川时代。温度急剧下降，冰封大地，又使大量的动植物死亡，许多古老的物种灭绝。地球上只有几个地方生命得以存活，其中就包括三江并流的绿色区域。两洋季风带来了大量的潮湿空气滋润着这块土地，海拔高，温差大，几个气候带环绕其中、相邻存在，植物能够就近找到自己的生存之地。如今，这里依然大量存活着跨越地球生命大灾难、被称为活化石的桫椤树、中华木兰等植物物种。

寒冷的冰川时代，这里是仅有的生命得以存留的地方，是六千万年以来生命的诺亚方舟。在地球上，山茶科植物只能在这里诞生、存活和繁衍。

山茶科植物在这个植物的天堂并没有停止它们生命的歌唱，它们在1750～2800米的海拔上傲然坚守着、演化着，最终那一缕来自历史深处，一段穿越六千万年历史的幽香，传递到了今天。

从植物学演化史明确茶起源于澜沧江中下游看。

1978年，地质勘探人员在云南的景谷盆地，发现了宽叶木兰的化石。而木兰是被子植物的原始代表，古木兰是被子植物的源头，山茶目、山茶科、山茶属及茶种，均由宽叶木兰进化而来。我国发现的木兰化石有两种，一种是景谷县的宽叶木兰，另一种是普洱市、临沧市、保山市等地的中华木兰。

从叶片形态、叶脉构造、侧脉对数及夹角大小、叶尖形态等特征上比对，茶树与宽叶木兰、中华木兰的植物化石有较多相似之处，在遗传上具有亲缘关系。

结合上述的云南地质史，可以进行这样的推测和想象：在新生代第三纪，许多被子植物在这里生发、演化，其中就包括宽叶木兰在内的山茶科近缘植物。到了第三纪的中新世，波澜壮阔的造山运动开始，青藏高原隆起，横断山脉出现，云南也隆起为高原。到了新生代第四纪，地球上距今最近的一次冰川期来临，许多喜热喜温的植物遭到毁灭。云南西南部由于地理环境的特殊性，幸运躲过一劫。第三纪的物种也继续在此演化，宽叶木兰经中华木兰而最终演化为茶树，于是具有茶多酚特性物质的茶树在澜沧江两岸生存、蔓延、传播。

已经发现的木兰植物群化石，主要分布在北回归线两侧，横跨澜沧江、怒江和独龙江三大水系。这与野生茶树

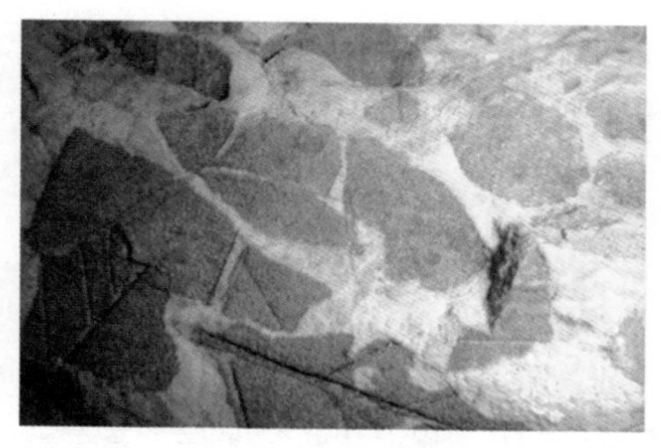

茶神面世

这里发现了六千万年以前，茶科植物被子化石。

谷神不死，是谓玄牝。玄牝之门，是谓天地之根。

——《道德经》

的分布基本一致。野生茶树在生态习性上具有喜温喜湿、喜弱酸耐阴等特点，这是茶树在长期的演化过程中接受了木兰遗传基因的结果。

茶在植物学分类系统中属被子植物门、双子叶植物纲、原始花被亚纲、山茶目、山茶科、山茶属，是一种原产生于热带、亚热带的植物。植物学界认为："野生大茶树分布集中，树龄大，植物学上的种性最多，变型最丰富，与山茶科植物亲缘关系最近，具有丰富的遗传多样性，这些都是植物物种发源地最显著的植物地理学特征。"

根据这个原则，经昆明植物研究所的多年调查，在云南西南部的植物王国里，真正野生茶只分布在临沧、保山、普洱、西双版纳和缅甸最北部。从临沧到保山再到普洱、西双版纳，野生品种的数量快速递减。临沧的野生茶品种最密集、海拔最高、树龄最长、野生品种最多，是最具备茶发源地特征的地方。

从宽叶木兰化石到中华木兰化石，再到分布在临沧、普洱、保山等地的野生大茶树，澜沧江两岸保存了茶类植物垂直演变的完整链条。也由此可以断定，这一带就是茶树的发源地，除此之外，地球上其他任何地方都不具备茶树所经历的垂直演化过程。

现代科学从基因、分子层面明确茶起源于澜沧江中下游。

《道德经》写道："万物之始，大道至简，衍化至繁。"我认为这是古人的智慧，是观察万事万物经验的总结。

天下万物，其发展演化都是由简而繁。也就是说，越简单的就越接近源头，把这个原理应用在茶上，也不例外。在不同的产地采集茶样进行分子比较，检测发现长江下游的茶里的复杂分子、分子团占绝大多数，比例最高；长江中游到上游，复杂分子比例呈快速下降趋势。进入澜沧江下游，茶的简单分子已经占大多数，到了澜沧江中游

茶与中华木兰是演化的近亲，这里仍然茂盛地生长着中华木兰。

的临沧，高山原始森林里的野生大树茶，内含物质几乎全部是单分子物质。

这是一个神奇的发现，全单分子，只有发源地的茶才会有的典型现象。至简之境，是为本源。

从基因的角度看，临沧高山野生茶，基因排列是最简单整齐的，也证明了这里是茶的发源地。澜沧江到长江，越往下游，距离发源地越远，茶的基因越复杂，排列越混乱。随着科学研究的深入和展开，这一结论会被更广泛的认可。

临沧高山原始森林里的茶树，最高达到三十米，树龄三千多年。最大一棵栽培型茶树，三千两百多年的树龄，六个人才能合抱起来。保山、普洱的茶树，高不过二十米，树龄超不过两千年。西双版纳最大的一棵茶树也就十几米高，树龄勉强达到千年。中国东南沿海茶树大多为1米多高和不到1米的，树龄也就十几年，一般不超过三四十年。本大末小，茶的发源地亦是一目了然。

至于阿萨姆为什么会发现野生茶树，据云南地方史推断，在宋元之交，傣族王子苏卡法进入布拉马普特拉河谷地区，征服了迦摩缕波国各部族，建立了阿洪王朝，史称阿萨姆王国。新国王苏卡法兴修水利，与原住民通婚，也很有可能把茶种和茶树的种植技术带到了阿萨姆。

“知其如何生，而明其德所在。”知道了诞生的条件，才能知道所呈现的状态好在哪里。

高等植物一定是同宗同源，天下的茶只拥有一个祖先。根据以上证据，可以得出明确的结论：

> 茶起源于澜沧江中下游，临沧是起源地的核心区，临沧的高山原始森林是全世界茶的始发点，临沧是天下茶唯一的祖庭。

老子曰：“天下有始，以为天下母。既得其母，以知其子；既知其子，复守其母，没身不殆。”

找到了茶的发源地，如同找到了打开茶叶秘密的钥匙，这是认识茶的一个基准点。只有站在茶的发源地向下俯瞰，才能清清楚楚地看到茶的子子孙孙繁衍的过程，进而找出茶的演化规律，解读迁徙到不同区域形成不同品种的必然性，才能尽览天下茶千万年的变迁演义。

[illegible]彙【卦】拔茅連茹【王註】根相牽引貌【程傳】根之相連【孟子】飯糗茹草【莊子人間世】不飲酒不茹葷者數月矣 又食茹圉髮 又啜也【爾雅釋詁】啜茹也 又貪也恣也【揚子方言】又【說文】茹飤牛也【廣韻】飯馬也 又度也【詩邶風】不可以茹小承分註茹茶煖也 又臭敗也【呂氏春秋】以茹魚驅蠅蠅愈至茹【前漢食貨志】菜茹有畦【晉書地理志】環陰種桑麻菜茹 又又水名【水經注】濁水又東茹水注之 又地名【前漢地理志】茹陂以溉稻田 又姓【晉書五行志】茹千秋爲驃騎參議【通志】若于字義無係如易之連茹王弼音如易釋讀詩之既茹來如孃茹如蕭茹字詩音及爾雅說音汝如茹毛茹草茹葷茹字音遐以讓茹不茹茹毛義列下如音以來茹形茹等茹列于孺音并

𦬸【唐韻】居料切【集韻】居尤切𠀤音樛【說文】艸之相糾繚也 又【?】古肴切同斗

茻【集韻】文紡切音[illegible] 凡茻之屬皆从所作𦬸糾逐兔艸中也非艸茻之義 又【廣韻】模朗切音莽叢生 又滿補切音姥 莫後切音懋 義竝同【玉篇】作𦬸

茼

[illegible]

第二章 原料

茶原料品质的优劣与茶树品种和生态环境的变化相对应。

人类认知
茶功效的历程

唐前为药，唐后为饮。

对茶功效的认识，决定了茶的用途和方式，进而决定了加工的目的，派生出不同的加工方法。

茶、咖啡与可可，并称为世界三大饮料。在当今世界饮品市场上，茶的消费超过了咖啡、可可，乃至碳酸饮料的总和，是名副其实的“全球第一饮品”。每天，地球上有三十多亿的人喝着由这种绿色叶子所浸泡出的具有独特味道的液体，如果单以容积算，茶可能是世界上除了空气和水之外人类最大的消耗品。

那么，为什么会有那么多人对这片源自东方的树叶心醉神迷？人类是何时何地发现了茶？茶的哪些功效引起了人类的注意？不同时期，人类利用的是茶的什么功效？

人类何时何地发现了茶？

提及发现茶的缘起，“神农尝百草，日遇七十二毒，得茶以解之。”这是一句用滥了的话，随便翻开一本茶书大概率都能看到。事实上，经详细查证，《神农本草经》

中并无这样一句话。作为中医经典著作之一，《本草经》大约起源于神农氏，口耳相传，在东汉时期整理成书。其中收录了252种植物药，却并没有把茶囊括其中，更无“茶解七十二毒”的字样。陆羽的《茶经》引用了之前文献中提及茶的文字，也并无“茶解七十二毒”。这句话最早出现在清代的著述中，说明是后人加入的。

可以肯定的是，茶起源于哪里，哪里的先民就是第一批发现和使用茶的人。发现的只能是野生茶。

澜沧江中下游是茶的发源地，这里也是最早有人类活动的区域，人与茶的第一次“亲吻”应该就发生在这里。

澜沧江中下游气候温暖，连绵不绝的大山被森林覆盖，上万种动植物栖身于此。当人类还处在原始社会，以狩猎采集为主要生活方式，这一区域无疑是最适合人类生存之地。临沧、保山、西双版纳等地出土的文物和洞穴遗址说明在旧石器时代这里已经有人群活动。这些族群就是史书上记载的“濮人”，是如今布朗族、佤族、哈尼族、德昂族等少数民族的祖先。

云南的西南地区一直有“濮人制茶”的传说，他们是世界上最早发现茶、使用茶的先民。

石器时代，茶以救人性命的方式进入了我们的生活。

由此可以推断，遥远的旧石器时代，活动在澜沧江两岸大山里的先民，偶然发生了一个必然的故事。身处高山森林，厚厚的落叶，下雨一浇，太阳一晒，散发出以一氧化碳为主的瘴气，对人来说是神经的毒气，一旦中瘴毒痛苦不堪。一天，一个人中了瘴毒，情急之下抓了一把树叶放在嘴里嚼，神奇的事情发生了，瘴毒消失了。回去告诉族人，只要中了瘴毒就嚼这个树的叶子。茶以能解瘴毒的功效解除人的痛苦的方式，走进了人的生活。直到现在，这里仍有一些部落，常年举行祭拜茶神的仪式。

古代，以解百毒为草药学立本。

大概在六千五百年前，中国的先民开始在黄河沿岸种植黍米，在长江沿岸种植稻谷，逐渐进入以农耕为主的定居生活。

人口增多，人类聚群而居。环境的恶化，给人带来了更多的疾病。于是人们便开始尝试用不同的植物来治疗、缓解病痛。这就需要了解各种植物的功效，有些植物虽然有药效，但同时也含有毒素，人若中了毒就无法往下尝试功效，所幸这时人们已知道茶叶能解毒，于是在伴随寻找草药的过程中就以茶解毒。这是一个漫长而持久的寻找过程，所以才会有神农尝百草的传说。神农尝百草，一是找到能作为主食的五谷，再就是找到能治疗各种疫病相对应的草药。日积月累，建立起了草药后，成就了以草本植物为主的中医体系，产生了《神农本草经》。

茶在以救人性命登场之后，茶又以为人解除病痛、提高生存质量立下不朽功勋。

唐代著名的药学家陈藏器有一句对茶的高度肯定——茶为万病之药。

陈藏器是唐朝著名的中药学家，一生致力于钻研草本，认为《神农本草经》虽由陶弘景、苏敬补集诸说，但遗逸尚多，他汇集前人遗漏的药物，于开元二十七年（公元739年）撰写了《本草拾遗》十卷。李时珍评价此书：“博极群书，精核物类，订绳谬误，搜罗幽隐，自本草以来一人而已。”

《本草拾遗》的撰写早于陆羽的《茶经》，陈藏器对茶有非常深入的研究，但他是把茶当作了药。他调配了大量行之有效的茶疗药方，明确提出“诸药为各病之药，茶为万病之药”。

从秦汉到初唐，人们对茶具有少眠、明目、益智、清热解毒等药理作用有了较明确的认识，人们已普遍认识到茶具有清热解毒、提神益思、消食的功效，陈藏器这句话是对唐以前的茶作为药用的定位和总结。

自中唐始，茶由药品变为保健饮品。

可以想象，唐代一个精通药理的中医，他上火了、头脑昏沉了，他就从药柜中取出一点茶，用药碾子研磨，放入药锅中煎服，很快火就退了。这时他发现本来昏沉的头脑也变得神清气爽，原来身上不舒服的情况也消失了。于是，他平时也经常煎茶来喝，还把茶汤分享给家人、朋友。为了掩盖茶的苦味，他也会加一点椒、盐、姜等调味。

无病也煎茶来喝的方式慢慢传播开来，茶变成可以日常饮用的保健品，而且逐渐形成了煎煮方式，茶具也从药具、餐具中独立出来。

虽然在唐以前，人们吃茶叶、煮汤羹，尝试过不同的食用方法，对茶的功效也有分散的认识。但到了唐代，把茶提神醒脑、消除身体不适的功效明确了，这成为饮茶的主要诉求。

茶保健功能的发现，是对茶功效认知革命性的变化，这让茶脱胎换骨，焕发新生，爆发出强大而持久的生命力。

在变革期，不可避免地会发生药用和保健饮品的混杂，这种状况促使陆羽的《茶经》问世。《茶经》是对把茶作为饮品的方法进行了归纳和总结，对饮茶法进行了规范。从此，饮茶有了一套专业的仪轨，陆羽也因此被后人奉为“茶圣”。

唐代饮用茶的方法脱胎于煎药，开始所用器具仍为药具，饮用方法也与煎药基本相同。后来，茶从草药中独立

西安出土的石制茶具

法门寺出土唐代茶具

出来，才有了专门的茶具。《茶经·之器》中，详细列出的茶具多达二十余种。出土于陕西法门寺的宫廷茶具证实了当时饮茶之讲究，其他地方也陆续出土了陶制、瓷器茶具，佐证着中晚唐饮茶之风的讲究与风靡。

之后，茶从医书中移步到文人墨客的笔下，历代文人编撰茶书蔚然成风，呈现出千峰竞秀的缤纷之态。

中唐诗人卢仝除了写下大家熟知的《走笔谢孟谏议寄新茶》歌颂茶：“一碗喉吻润，两碗破孤闷。三碗搜枯肠，唯有文字五千卷。四碗发轻汗，平生不平事，尽向毛孔散。五碗肌骨清，六碗通仙灵。七碗吃不得也，唯觉两腋习习清风生。”同时写下几乎与陆羽《茶经》齐名的《茶谱》，他写道："茶之为物，可以助诗兴而云山顿色，可以伏睡魔而天地忘形，可以倍清谈而万象惊寒，茶之功大矣。"

晚唐的裴汶官至宰相，善为文，精于书法，嗜茶爱茶，是继陆羽之后与卢仝齐名的茶之大家。他撰写的《茶述》对茶性和功效做了详细的梳理："茶，起于东晋，盛于今朝。其性精清，其味淡洁，其用涤烦，其功致和。参百品而不混，越众饮而独高……"茶性清味淡，涤烦致和，和而不同，品质独高，裴汶精准描述了茶的内在精神。

茶从唐代起，开始被注入文化内涵，随着时代的发展，茶的特殊属性被深入挖掘和认识，与文化的结合愈加丰富多彩，茶成为重要的文化载体，极具中华文明特色的茶文化。

所以说，人类发现茶使用茶，经历了两大阶段：一是从远古时期至唐初期，发现了茶的药用价值，把茶作为药吃了几千年；二是在唐代中后期以后，在药用基础上，重新认识了茶，茶不再是药，而变成了日常保健饮品。唐代开始饮茶，就开始探索最佳的饮茶方式。唐代煎茶如煎

宋代茶盏

药，把茶碾成末放入釜中，加水煮开，例入盏中饮用。这个方法的缺点是不易控制茶汤的浓度，细嫩的茶碾出的细末煮沸后，茶质被破坏，而且口感不佳。

另外，茶改药为饮后，日常饮用就对茶里的苦和涩在意起来，于是就在茶汤里加盐或香料来压制苦泥味，让茶易于入口。在寒性强的茶里加姜片祛寒。

可以明确地说：唐前无茶具。

宋代，祛襟涤滞，致清导和。

茶盛于宋，一是饮茶群体的规模在扩大；二是人们对茶的认知有了提升。宋人以点茶取代煎茶，为了克服煎药的缺点，先把水煮开，待水温合适的时候，根据自己喜欢的浓度，投入茶末，提升了饮茶的体验，后人把这个方法叫点茶法。

宋朝的开国皇帝赵匡胤嗜好饮茶，在宫廷中设立了专门的茶事机构，宫廷用茶已开始分等级，茶仪已成为礼制。皇帝赐茶成为笼络奖赏大臣的手段，在与国外使节交往时，茶也是表示友好的重要道具。

上行下效，民间饮茶之风也逐渐兴盛。京都汴梁，茶楼甚多，人们约会谈事，大都相约于茶楼。孟元老的《东京梦华录》有记载："以南东西两教坊，余皆居民或茶坊。"除了满大街的茶坊，还有提壶叫卖的商贩挑着茶担或推着浮铺，走街串巷，并提供为顾客传讯捎物的服务。

到了南宋时期，与北宋相比社会各阶层饮茶之风更盛，由于南北文化的交流融合，临安城中茶坊酒肆更是遍布坊巷间，甚至深夜还有流动的摊贩卖茶。

宋代社会的文明程度更高，陈寅恪先生以"吾中华文化，历数千载之演进，造极于赵宋之世"，对宋朝文化做出高度的赞扬。

宋人饮茶更为精细，认为唐人对茶的认识尚显粗浅。宋徽宗的《大观茶论》是对宋人饮茶的概括总结，对茶的认知又上了一个台阶，他认为茶的核心功效是：祛襟涤滞，致清导和。认为茶能够疏通人体的循环系统，调节人体的滞涨，让身心清明平和。

中医讲究人本身是一个整体，人的大药是自身组成的屏障，本质是自身的免疫力。而“通则不痛”，只有体内各个循环系统通畅无碍，才能达到所谓的五行平衡，才身体康健，阻碍外邪入侵，防病于未然，即“上医医未病”是也。

茶所能起到的作用就是调节身体的平衡，让人体处在通畅的状态，进而防病抗病。

其实，早在五代十国后期，唐朝的煎茶法已呈式微之势。因为煎茶法是把茶研成末，再煎煮成糊状，浓度不好掌握，茶汤的颜色和口感均不佳。这个时期在福建有端倪的点茶法已开始盛行。

点茶法是将蒸青的茶饼撬下来研磨为茶粉，经罗筛为细腻的茶粉。水沸后，将水注入茶盏，以茶筅搅拌击打，等到茶汤呈现胶着的白色茶沫就可以饮用。这个方法不但能控制茶汤的浓度，而且因没有长时间煎煮，也一定程度降低了茶汤的苦涩度，保留了部分营养物质的活性。同时，点注出的茶汤细腻洁白，富有美感。

在宋朝，点茶、斗茶、品茶，是上至文人雅士、下至平民百姓茶事的主要内容之一。“停匙侧盏试水路，拭目向空看乳花”（欧阳修《尝新茶呈圣俞》），“矮纸斜行闲做草，晴窗细乳戏分茶”（陆游《临安春雨初霁》）等，关于点茶的诗词大量出现。

茶盛于宋，且宋人尚意，就想把茶的好坏上下分出来。经过摸索发现，茶末点入水中后，快速搅动，会泛起泡沫，泡沫越多，消失越慢，颜色越白，茶的品质就越好。现代科学进步证明了这个办法是正确的，茶皂素、糖类越多，内含物质越丰富，沫就越多，消失得越慢，茶加工越少越干净沫就越白。

斗茶，又叫茗战，直白的说法就是品茗比赛，通过点茶把茶分出个高低。虽是文人雅士间的一项雅致的活动，却具有强烈的胜负色彩。斗茶比的是汤色和水痕，汤色越白茶越好，水痕保持得越持久茶越佳。

为了斗茶更好地实施，各种器具都要精细化，其中很

宋代茶勺

重要的是茶碗的选择。为了击拂方便，就得用大一点的碗，碗口也必须是敞口的。但敞口的茶碗又会出现茶汤降温过快的弊端，影响茶的口感。于是茶碗的壁就得厚，这样利于保温。还有茶碗的颜色，茶汤尚白，碗的颜色就做成黑色。于是福建建瓯烧制的黑釉饭碗脱颖而出，改造之后成为名动一时的建盏。

“碧云引风吹不断，白花浮光凝碗面”，宋人把点茶玩到了极致。

岛国日本，历史上长期处于割据状态，没有生长出成系统有分量的文化。在发现中华文化的博大精深后，隋代开始向中国派遣隋史，到唐代十余次派大抵国内精英到中国全方位学习，得到了中国皇帝的接待和安排。

由于中国的寺庙大多种茶，所以日本学习佛教的人

宋代建盏

员，在回日本时把茶带回日本种植。佛教属于上层建筑，与他们交往的是达官贵人，从上都大国带回的茶，很快在他们中传开。日本饮茶的行为，是自上而下的。

到了宋代，点茶法也叫抹茶，传到了日本，由于日本适合种植茶的地方在富士山周围，这里长出的茶以绿茶为主，适合做抹茶，此法被广泛接受，并逐渐演变成以抹茶道为核心的日本茶道。日本人饮茶充满了仪式感，茶具的摆放、主客的坐姿、泡茶的手法、喝茶的方式等都有严格的规定和步骤，美其名曰饮茶的仪轨，认为按照仪轨饮茶更能悟道，即日本茶道。

日本不只有茶道，还有花道、香道、剑道、书道、武士道，等等。他们学到的很多东西，都并非自己国土直接体验所得，而是属于“二手经验”。那这个“道”只能是

“小道”，而非“大道”。

在中国，“道”是广阔的，“道可道，非常道”，是看不见摸不着的形而上哲学，主宰着世间万物运行的法则。道可修可悟，却无法以某种外在的形式具象。闻风看雨听溪流皆可悟道，不拘泥于形式，这才是大道。

所以中国人把喝茶的方式叫“法”“艺”“规矩”，一些带表演性质的泡茶展示再精美也只能叫茶艺，而无法上升到“道”的地步。中国有“禅茶一味”，但也不是说通过饮茶就能通禅，而是茶中有禅，禅中有茶，禅茶有互通处。

古往今来，中国没有茶道一说，饮茶的方式叫茶艺，舞剑叫剑术，写字叫书法，插花叫花艺。日本在唐宋时期全面学习中国文化，以“道”来称呼学习到的技艺也有中国文化的一种推崇倒是可以理解的。

有人说茶道在中国遗失了，在日本得到很好的继承和发展，这种说法是荒唐的，把中国的“道”看小了。中国本无茶道，何来遗失？中国本有大道，且自《道德经》《易经》始，伴随着时代的演变而愈加丰富，延续到今天依然连绵不绝，这才是道的包容性和生命力。

元代，草原民族以茶消食解腻、调节营养平衡，茶马古道穿过青海进入了蒙古草原。

到了明朝，朱元璋认识到点茶所用的“龙团凤饼”耗费巨大的人力财力，点茶也存在形式大于内容之弊，于是改团为散，点茶法也被浸泡法取代。

对于大多数草原百姓来说，利用茶的方式是煮奶茶，而草原之外的汉人，出现了散泡茶清饮的尝试。唐宋时期，饮茶时会加一些香料改善茶的口感，唐朝是煎煮时加调料，宋朝是做茶饼时加入一些香料。

明清，对茶的功效认知更为全面，在泡茶方式上，明确了浸沧法为最好的饮茶方法，一直沿用至今。

明代对茶的功效没有突出的新发现，但对于茶的功效进行了梳理和总结。

明代由钱春年撰写、顾元庆校的《茶谱》是一部相对全面的关于茶的著作，涉及茶的功效，除了止咳、明目、除烦外，增加了消食、除痰、少睡、利水道、益思、去腻等，对茶功效的认知已非常全面。

同时，明人对茶药理的研究也愈加深入，其中以李时珍的《本草纲目》最为典型。在《本草纲目》中，李时珍这样写道："茶苦而寒，阴中之阴，沉也，降也，最能降火。火为百病，火降则上清矣。然火有五火，有虚实。若少壮胃健之人，心肺脾胃之火多盛，故与茶相宜。温饮则火因寒气而下降，热饮则茶借火气而升散，又兼解酒食之毒，使人神思闿爽，不昏不睡，此茶之功也。"

明代对茶更大的贡献，是在茶的制作和冲泡方式上有了非同凡响的革新。

明太祖朱元璋掌握政权后，认为团茶奢侈浪费，失去了茶的真味，破坏了茶的本质，费时费力，于是下诏书废止了团茶，即茶叶生产史划时代的"废团为散"事件，并鼓励百姓直接泡饮。从团茶到散茶的大变化，导致中国茶进入了新时代。

喝茶变得简单易行，后人对朱元璋这一举动有很高的评价，"以重劳民力，罢造龙团，惟采芽茶进。按加香物，捣为细饼，已失真味。今人惟取初萌之精者，汲泉置鼎，一瀹便啜，遂开千古茗饮之宗。"

明代另一个重要发现是用紫砂泥做的茶壶泡茶，紫砂

紫砂石瓢壶

透气不透水的特殊性，可以使茶汤不易变质，而且更能激发茶的香气，泡出来的茶口感也更为醇厚。此外，明代还在前人茶碗、茶托的基础上发明了盖碗，到了清朝的康雍时期，盖碗泡茶也非常流行。盖碗本身是瓷器，不像紫砂壶有一定的吸附性，以盖碗泡茶，更能彰显茶的本味。

很多人会问，既然改团为散，现在怎么还有饼茶、砖茶？这是因为元代国家版图巨大，农耕与游牧地区同属一国，贸易畅通，极大地推动了茶叶的西进。明代中原与游牧又成为两国，在边界地区就形成了互通有无的茶马互市。而且紧压茶工艺的历史惯性极大，云南、四川、福建等地生产的团茶担负着茶马交易的使命，路途险峻遥远，紧压茶有运输之便。同时，边疆人民也需要紧压茶，茶饼茶砖更易于携带和储存，紧压茶还在延续，甚至还会延续很长时间。

清代对于茶的功效被更广泛地接受，喝茶的人口大幅增加，更多人享受到茶带来的好处，人均寿命在持续提高。

近现代，随着科学技术的发展，茶功效的神秘面纱，在科学层面上一层层地被揭开。

从唐代至清代，关于论述茶功效的文章越来越多，越来越全面，不下百种。

持续到近代，尽管有一千多年漫长的饮茶史，受时代发展所限，人们对茶的成分无从知晓，对茶的功效也停留在概括性的描述上，大多是经验之谈，很难有更进一步的认知。

到了现代，伴随着生物化学技术的进步，茶叶的化学成分被揭开，我们才更清楚明白人类喝茶的缘由和道理。

现在已知的，茶叶中富含450多种有机化学成分和40多种无机矿物元素，这些成分均对人体益处多多。比如，茶多酚抗氧化抗衰老杀菌消炎，生物碱提神醒脑、促进消化，茶氨酸补充人体营养、调节代谢等。最重要的发现是，茶里含有干扰素，这种物质对人的防毒抗病有极大

茶

- 水 75%
- 干物质 25%
  - 蛋白质 20%~30%
  - 茶多酚 18%~36%
    - 儿茶素 60%~80%
    - 花青素
    - 丙酮、酚酸
    - 防病抗病、抗辐射、抗氧化、抗衰老、增加血管活力、加强肠胃蠕动、降血脂、降血糖、抑制色素沉淀、杀菌、消炎、抗癌、抗突变、清洗尼古丁等。
  - 糖类 20%~25%
  - 脂类 8%
  - 生物碱 3%~5%
    - 咖啡碱 2%~4%
    - 可可碱 0.05%
    - 茶碱 0.002%
    - 舒张血管、提神醒脑、兴奋心肌、消除疲劳、利尿消浮肿、保健呼吸系统、消解烟碱、解酒精毒、预防肥胖等。
  - 有机酸 3%
  - 色素 1%
  - 氨基酸 1%~4%
    - 茶氨酸 70%
    - 古.精.冬氨酸
    - 增加干扰素分泌、补充多种微量元素、调节人体营养平衡、显著提高机体免疫力、抵御病毒侵袭、排肝肾毒、延长寿命、促进大脑功能、益智安神等。
  - 维生素 0.6%~1%
  - 芳香物质 0.005%~0.03%

茶的内含物质及对人的作用

的作用，并且对防癌和抗癌的辅助治疗都有很好的效果。

神奇的是，即便到了科技发达的今天，我们依然尚未抵达茶功效的边界，随着对茶的深入研究，它依旧在不断给我们新的惊喜。

五谷为养，五畜为益，五果为助，五蔬为充，以茶调和，天人共生。
——《黄帝内经》补

世界上排名前三的饮料，从功效上进行比较，茶无疑是人类最佳的健康饮品。

人寄生于大自然，靠着大自然的赐予生存。人与茶的关系，其实就是人与大自然的关系。

归根结底，喝茶是一种福报，这不仅是因为茶以丰富而天然的内含物质给我们带来健康，同时也因为一杯茶总能带给我们一段美好的时光，让我们的身心感知到忙碌之外的悠闲，以及人与人相处的惬意。

可以肯定地说，世界上还没有哪一种植物的叶子能像茶一样，慷慨无私，直接提供给我们如此之多的宜人妙处，我们不得不感叹，茶是大自然赐予人类的礼物。茶是上天派给我们生命健康的保护神！

茶作为商品的传播

万物尽然，而以是相蕴。

——庄子《齐物论》

茶因其优异的功效，所到之处无不受人爱戴和追崇。茶是健康的福音，和谐生活的使者。

“执大象，天下往，往而不害，安平泰。”

大象，天地之大道也。道本无象，犹云大象。老子的这句话揭示了“道”的两个特点，一是道是无形的，道无法相，故而无所不包，无所不容；二是把持这样的“道”，即可得天下来归，道化万物，不会受到任何侵害，呈现一派和平安泰。

茶，起源于中国，对人有百利而无一害。自从被人类发现之后，传播到了大江南北、五湖四海，被不同肤色不同国家的人民接受和喜欢。当下五大洲有七十多个国家种植茶，一百六十多个国家有三十多亿的人口在喝茶，这是一个非常庞大的群体。

茶如“道”，春风化雨般润泽万民，所及之处以芬芳醇厚的茶汤带给人健康。世界上这么多人喝茶，那么茶是如何向世界传播的，什么时候？茶传播到了哪里？

茶的解毒功效开启了茶马古道

茶发源于澜沧江两岸，我们模拟一下茶最早传播的必然性场景：住在山脚下的人家里有人生病了，山上的亲戚带着采摘的茶叶下山，送给亲戚治病。为了表达感谢，山脚下的人家回赠了采摘的果子、捡拾的鸟蛋。亲朋之间的物物交换是茶具备商品属性的起点，由此生发出更大范围的交易场景。

山上的人知道茶是治病的药，于是尽量多采集一些，运到山下的市集，换回水果、粮食、食盐、布料等山上欠缺的物品。这样的交换越来越普遍，茶作为商品，从澜沧江中下游两岸的高山开始启程。

当时的茶全都是野生茶，而且散生在海拔1750～2800米的高山上。山民为了多带些茶下山，会把采下的茶晒干，尽量压紧，这便是紧压茶的雏形；山民一开始可能靠的是肩挑背扛把茶带下山，后来量大了，就用马驮，顺着山间小道驮茶下山，最早的“茶马古道”就这样诞生了。到了江边上船，像文明一样顺水路传播，没有水路的地方，茶马翻山越岭向外延展。

茶作为商品的传播，可分为唐代之前和之后两个时期。唐代之前，茶是一味清热解毒之药，是作为药品进行传播的。这段时期，茶只是来自西南的草药，需求量不大，传播缓慢。这也是在唐以前，关于茶的文字记载特别少的原因。

唐代中期开始，茶的保健功效逐渐被人所确认，茶由药品变成可以每日饮用的保健品，尤其是在草原地区被快速普及。这促进了茶的进一步传播。

中原农耕文明与游牧民族的交界处形成“茶马互市”

在有官方的史书记载之前，古蜀国与青藏高原的羌部落民间应该已经存在物质交换。西藏地处高海拔地区，往西南而行，到了云贵高原，海拔降低了两千多米，但依然是山峦起伏，一山有一山的物产和生活方式。高山大河之间，分布着众多的民族，他们彼此之间有着各自的物质需求，也就存在物质交换的基础，也使跨区域的茶马古道的出现成为可能。

而提及茶马互市，很多人会从字面上理解为中原文化与边疆民族的茶马贸易。其实，茶马互市经济行为的背后是权力的扩张与博弈。大唐时期，西北的吐蕃、西南的南诏是独立的势力，三者都有或扩张或维系政权稳定的诉求。其中，南诏处于弱势，而维系三者处在动态平衡的是南诏的茶、吐蕃的马。南诏以茶换回吐蕃的马匹，再以战马向大唐置换能工巧匠，引入大唐先进的生产技术。三者的联动让权力保持在动态平衡中。

南诏政权持续了一百多年，吐蕃政权维系了两百多年，茶马贸易在唐、南诏、吐蕃三足鼎立中发挥了重要作用，并在后续朝代更迭中一直延续。

南北两路茶马古道到达的地区，大多是以肉食为主的游牧民族。茶成为边疆人民每天都需饮用的必需品，需求至今旺盛不衰。直到近代公路的开通，茶马古道才结束了历经几百年的历史使命。

茶马互市带动藏区广泛饮茶，茶需求的扩大反过来进一步促进了边疆贸易的繁荣。明清两代，茶更成为中原文明控制、稳固边疆政权的重要工具。在一千多年漫长的茶马贸易历史中，茶作为一片生长在山野间的叶子，却在民族、经济、政治、民生中扮演着重要角色。

时至今日，一句掷地有声的“茶是血，茶是肉，茶是生命”，仍在藏区流传。这是边疆人民对茶深厚情感的写照，也是茶在扩张的历程中，流淌在广袤山川大地的不绝回响。

茶，贸易、
大航海时代与战争

茶运与国运紧密相连，国盛茶香。

伴随着丝绸之路以及海上茶叶贸易的增长，伊斯兰国家、欧洲乃至北美的茶叶消费量不断提高。茶叶所及之处，对当地的文化和生活方式产生了深远的影响，甚至改变了一个国家的政治走向。

很多人都知道，蒙古帝国曾称霸欧亚大陆，元朝时期有着最辽阔的疆域。但鲜为人知的是，茶在这一段历史中发挥了重要的作用，蒙古大军同时完成了茶叶在中东和西方的普及与流行。

其实，茶这片由中国大西南蔓延开来的东方树叶，不仅仅点缀了人们的日常生活，拨开历史的烟云，它是财富，也是政治，更是看不见硝烟的战争，它甚至无形中加速了清王朝的覆灭，结束了中国长达两千多年的封建制度。

蒙古大军西征对茶的传播

元代，作为茶承上启下的时代，以战争的形式完成了对茶的一次重大传播。当时，成吉思汗统一了蒙古草原各部落之后，本无意再向西部扩张。未料两次向西派遣的商队，均惨遭血腥掠夺和残杀，直接引发了蒙古帝国的四次西征。

蒙古帝国掌握着当时最先进的战争机器，天生具有战斗素养的蒙古骑兵，每个战士都配有三匹至五匹快马，能日行八百里，长途奔袭，风驰电掣地横扫千军。每次到了宿营地，战士们吃完以风干肉为主的干粮，都要煮上一碗茶喝，以维持身体的健康和战斗力。喝剩下的茶渣会分给战马，以保证战马具备高强度的作战能力。蒙古骑兵长驱直入，北缘最远打到了多瑙河畔，南缘打到了埃及，彰显了帝国的铁血实力。

成吉思汗仙世后，蒙古国经过权力的斗争，分裂为五大汗国，最西部的是金帐汗国，定都于伏尔加河流域萨莱城（今俄罗斯伏尔加格勒），势力范围囊括了中东大部分地区，今日的莫斯科也在其版图内。

他们把饮茶的习俗带到那里，让本来就是游牧民族的阿拉伯人也受其影响，成为茶的信徒。

阿拉伯人把茶带入欧洲

阿拉伯地区是古丝绸之路上的商品中转地。隋唐一统天下后，西方出现了阿拉伯帝国，两国均从丝绸之路贸易中获利。安史之乱后，吐蕃人占领了陇右、河西地区，唐朝与西域的联系一度中断。后来阿拉伯帝国走向崩溃，欧亚大陆出现分崩离析的局面，丝绸之路的贸易规模大不如前。

到了元代，这一局面得到了改观。元代建立了联系紧密的驿站系统。元朝与各汗国都在交通大道上安置护路卫士，并颁布了保护商旅的法令。有密集的驿道路网以及由政府维护路途安全，这样使元朝首都与亚欧各地的联系打通了，商品贸易也再次活跃起来。

蒙古大军的西征虽然导致阿拉伯人遭受诸多苦难，但被军事征服后，阿拉伯人依然保持住了自己在世界的商业地位。阿拉伯人在蒙古人和突厥人的支持下，把控着东西方的贸易和经济。

阿拉伯人作为中间商，曾以地缘之利垄断了香料、丝绸的贸易，作为亚洲与欧洲商品交易的桥梁，收获丰厚的利润，这种状况持续了一千多年。

当蒙古人把茶带来之后，阿拉伯人故技重施，大约公元850年，阿拉伯人通过丝绸之路获得了中国的茶叶。把茶变成了这条古丝绸之路上新的最大宗商品，继续获得厚利。大约在1559年，他们把茶叶经由威尼斯带到了欧洲。在短短的一两百年时间里，茶叶风靡了整个中东和欧洲。

茶叶促使大航海时代的到来

茶作为平衡营养的饮品，甚至从一个侧面影响了航海的大发展，促进欧洲大航海时代的到来。

当欧洲人享受了来自东方的香料、丝绸和茶叶带来的好处，时间久了，产生了无法摆脱的依赖。而欧洲又欠缺东方所需的商品，这样就会造成长期的贸易顺差，给欧洲的经济带来重负。

欧洲人企图打破阿拉伯人的垄断，另辟蹊径，寄希望于通过开拓海路来打破局面。但在茶进入欧洲以前，在没有新鲜水果和蔬菜的补充下，一般人坚持不了三四个月，使长时间的航海无法进行。阿拉伯人送来的茶叶奇迹般地解决了这个历史难题，茶能够补充多种氨基酸和维生素，克服了坏死病等疫病的发生，使远洋航海有了可能。

最先从战乱中脱身的葡萄牙急不可耐地开始探寻新航

路。在巨大利益的驱使下，上到国王下至海盗，加上有钱人的合伙，一同打造出能远航的大船，协力打通通往亚洲的海上贸易通道。西班牙也不甘落后，通过大航海发现了美洲大陆。荷兰后来居上，以“海上马夫”雄霸欧亚海上贸易，终于建立起了连接欧亚的海上贸易之路。

新航路开辟后，中欧的商品贸易突破阿拉伯人的壁垒，贸易和文化交流得到大发展。自16世纪起，经由来华传教士、水手、使臣和商人，中国的瓷器、茶、丝绸等源源不断传入欧洲。这也导致由阿拉伯人把控的草原丝绸之路式微，阿拉伯人经营了上千年、获得巨额利润的贸易由此衰落。

海外贸易繁盛，鸦片与茶叶的短兵相接

大航海贸易的巨大利益，促进了科学的进步。牛顿解决了力学的理论问题，瓦特改良了能够提供巨大动力的蒸汽机，大航海的规模迅猛扩大。荷兰、葡萄牙、西班牙、荷兰争夺海上霸权。英国适时启动了工业革命，从而崛起。欧洲开始海外殖民，在印度和爪哇获取香料白银、黄金等资源。而唯有茶叶这个必需品却为中国所独有，欧洲

仰赖中国的茶叶供给长达几百年。明清两朝，中国的茶税占国家总收入的四到五分之一。

伴随着对外贸易管控的严格，清朝时期政府在唯一的对外通商口岸广州开设了广东十三行。西方在中国购买大量的茶叶和瓷器等物资，交易量大，利润丰厚，广东十三行一度成为“天子南库”。

伴随着欧洲人对茶产生了依赖，消耗量越来越大。到了18世纪，茶在对外输出的货品中所占份额越来越高。1729年，荷兰从中国进口的货品总额中，茶叶占比已达85.1%。当时，活跃在广州的法国商人罗伯特·康斯坦特（Robert Constant）说：“茶叶是驱使我们前来中国的最主要动力，其他货物只不过是点缀而已。”到了19世纪前期，茶叶的出口额占到全国外贸出口额的90%以上。

大航海触发的工业革命，使欧洲各国成为列强，他们疯狂地瓜分世界，四处建殖民地，攫取殖民地资源，在各地寻找和开采白银矿，用来购买中国的茶叶和瓷器等物资。但是中国对西方的商品需求非常少，贸易顺差不断扩大，使贸易难以进行。

长此以往，让欧洲列强感到负担沉重，如芒在背。他们处心积虑多年，终于找到了易上瘾且对人身心健康危害极大的鸦片来对付中国。

于是，历史进入诡谲的时刻，英国与中国因两种植物——罂粟与茶树而兵戎相见。世界的势力版图被两种植物改变。

鸦片战争后，大量鸦片流入中国，白银流入英国东印度公司，有效抵消了进口茶叶的贸易逆差。而清朝官僚腐败，举国上下被鸦片的烟雾所笼罩，财政收入减少，导致军队战斗力低下，很多家庭破产，在国际上落下“东亚病夫”的恶劣形象，整个大清王朝走向不可逆的衰败之路。

窃茶如窃国，中国因失茶而衰落

茶以其显著的保健功效和迷人的风味征服着一个又一个民族，可以说所向披靡、无往不利。其中，尤其以当时的日不落帝国英国为最。这跟英国的地理气候有一定的关系。英国冬季潮湿阴冷，一杯热茶能驱寒保暖，还对身体健康有益。在英国贵族的带动下，全国上下都喝茶，还发展出独有的英国下午茶文化。

英国人喝的茶都要从中国进口，进口量逐年增加，在最高峰时，英国的进口量占中国茶叶产量的五分之一之多。19世纪初，茶叶贸易所创造的利润是丝绸、瓷器等物品利润的总和。

英国在全球扩张之时，对所有的资源都不愿放过，一些东西通过贸易获得，还有很多是靠抢、偷、骗弄到手。

英国人离不开茶，自然也想把茶弄到英国来种，他们试了好几次，商船走的时候带着茶苗，但是要么死在了半路上，要么移栽后无法成活，最终都没有成功。

近两百年的时间里，东印度公司垄断着英国的海外贸易。尽管茶叶货源受制于中国，但由于利润极高，东印度公司无意开拓其他渠道。但英国国内一直存在反对东印度公司垄断的声音，1834年的英国国会通过法案对东印度公司施压。

东印度公司迫于压力，决定派一个植物间谍前往中国，且明确了几大任务：寻找中国最好的茶种、学会中国的制茶技术、笼络一批中国籍的茶工、寻找中国的香味添加剂。关于最后一项，是因为英国人认为中国茶有如此丰富的香气，可能是在里面添加了香味物质。

在国家的支持下，东印度公司选中了园艺家、也算是植物学家的罗伯特·福琼，以优厚的报酬派他前往中国执行植物间谍的任务。

罗伯特·福琼

福琼之前多次来过中国，称得上是个“中国通”，会说中国话，会用筷子，还了解中国为人处世的中庸之道。当时清政府鉴于和英国的关系，对洋人是存有戒备之心的。福琼对于此行做了充足的准备，一开始也并不顺利。他在一封信中这样写道：

“总督阁下，事实无疑将自证，中国人可能带着强烈的警惕心在密切关注我对于茶种或茶树的要求，任何关于企图获取茶种、试图劝诱中国种茶专家和熟练制茶工出国前往印度，并对那里的工人进行培训的努力都将不可避免地以失败告终。”

1848年，福琼扮作中国人，先后前往安徽、浙江、福建等地，发现原来绿茶和红茶出自同一种植物，两者的区别在于加工制作方式不同。他挖了很多茶苗，装进玻璃箱中，辗转运到喜马拉雅山下的种植园，结果茶苗全都死光了。

1849年秋天，不甘心失败的福琼再次来到中国。这次，他来到了福建的武夷山，因为这里出产的正山小种红茶深受英国宫廷喜欢。之后他又去往其他茶区搜寻茶种，于1851年2月将武夷山、松萝山、宁波、舟山等地的茶苗，以及以高薪为诱饵哄骗的8名茶工，用专船送到了英国的殖民地印度。茶苗在同样适宜茶树生长的印度阿萨姆落地生根，之后大力展开规模化种茶、机械化制茶，英殖民地的茶产业以不可阻挡之势迅猛发展。

四十年的光阴过去，当福琼垂垂老矣，印度出产的茶叶全面压倒了生产方式依然落后的中国手工茶。阿萨姆模式是可以复制的，况且大英帝国有辽阔的殖民地供其驱使。肯尼亚、缅甸、斯里兰卡等适宜种茶的地区都出现了茶园，到19世纪末，印度、斯里兰卡、肯尼亚的茶叶取代了中国的茶。到1900年，中国的茶叶只占到世界茶叶份额的10%，而印度的茶叶占50%。中国的茶叶在西方的茶叶贸易中失去了竞争力。

茶叶通过二次鸦片战争变成英国殖民扩张的工具。英国利用国际化的商贸网把生产的茶分销到世界各地，只花了二十年就成为世界茶叶市场的主导者。

中国失去了作为战略资源的茶叶，而鸦片却在华夏大地蔓延，毒害着中国人的身体和灵魂，庞大的大清帝国轰然坍塌，再也无法应对西方列强和日本、俄国的虎视眈眈。

中国的衰落从晚清开始，一直持续到中华人民共和国成立。虽然经几代人的努力最终完成了中华崛起，但整个茶产业还没有重返19世纪中期的辉煌。

很多人称福琼为茶叶大盗，认为是福琼偷去茶种才导致中国失去了茶叶这种战略性资源。其实，即便没有福琼来中国盗茶，也会有其他人做这个事情，以大英帝国的实力和中国的混乱，获得茶种这件事根本没有难度，印度、锡兰、肯尼亚的茶叶或早或晚一定会长起来。而且，以福琼对中国的熟悉程度，他当时应该并没费太大的功夫就运走了茶苗。比茶种更重要的是，他掌握了制茶工艺，了解了茶树茶种，并带走了熟练的制茶工人。

对比来看，早在唐宋时期，日本也带走了茶种、茶苗和制茶工艺，但为什么没有对中国造成威胁呢？是因为日本带回小茶，只供本国喝，还没有对外销售。英国人的成功是时也、势也，是两个国家崛起与衰落过程中的必然结局。

纵观一千多年茶的传播史，我们可以得出两个结论：

一、茶是非常伟大的植物，这一片源自东方的叶子，无论到了哪里，都能带给人健康，带给人快乐愉悦。它克服了各种困难，在不同地区生根发芽，可以说惠及了全人类。

二、茶运与国运紧密相连，在国家昌盛时，茶是连接不同民族与国家的纽带，也是中华文化的重要载体，中国的文明能由此而迅速输出。反之，当国力衰弱，内忧外患，不但老百姓的家里摆不下一张茶桌，连茶的传播和输出也会受阻，茶运也会衰落，跌入低谷。

茶树的迁徙过程

茶最完美的生态环境在发源地，离发源地越远，生态环境越差。

茶的自然迁徙和人为栽培迁徙，大的趋势皆是从高海拔向低海拔迁徙。

“道生之，德畜之，物形之，势成之，是以万物莫不尊道而贵德。”

道为本体，代表着最原始的生命力，是能够发芽长大的种子。德乃大地之德、天之德，是阳光雨露，用来保养它、培养它。在道与德共同作用下，万物的形象就形成了。万物的生长与衰退，都离不开势的作用，势是春生夏长，是秋收冬藏，是顺应节令。顺势而为方生方盛，逆势而行则亡则衰。因此，万物需尊崇生命之道，感恩天地的庇佑。

生长于澜沧江原始森林里的茶树，顺应天道，自发而生，自由生长，与周围各种生命和谐共生，万物呈现一派欣欣向荣的景象。植物都是有舒适区的，如果不是外在环境因素发生变化，它的内因就不会发生进化和演变。一旦环境发生变化，任何一种生命都具有存活下来的本能，为此不惜改变形态和生理性征。

纵观茶树的迁徙史，可以分为自然迁徙和人工迁徙两部分。

茶树的自然迁徙

六千万年前茶树因天地孕化而生，这是一个漫长的诞生过程。原始野生茶树因长期生长在特定的相对稳定的生态条件下，且多与木兰科、樟科、桦木科、槲斗科等常绿阔叶树混生，具备保守性强的特点。野生茶树很长的时间都没有发生形态的改变，也因对环境的挑剔而缓慢地向其他区域迁徙。

我们的野外实地调查发现也印证了以上现象，纯野生茶只生长在海拔1750～2800米区间内，海拔1750米以下没有野生茶。

野生状态的植物，繁衍与迁徙一般靠外力传播。比如靠风、靠动物携带。野生乔木大树茶的籽比较特殊，有榛子那么大，鸟不吃，野猪吃了就嚼碎消化了，风也没办法把它由低吹到高处。茶籽只有成熟落地后，由降雨形成的湾流，带着顺流而下，停在合适的地方生根发芽。所以茶树自然只会在一定的区域内迁徙，迁徙趋势是从高海拔向低海拔迁徙的。

茶树的人为迁徙

随着人们对茶功效的认知的提高，对茶的需求不断增加，使茶作为商品的传播日益扩大，自然引发了茶树种植的迁徙扩展，而且一定是向人多的地方移植。低海拔地区可耕种土地多，更适合人类居住，人口也密集。所以人工移种茶是从高海拔向低海拔移植。

人类的历史不足三百万年，人类发现茶的历史不可考，但可以确定的是，澜沧江两岸的山民是最早发现和利用茶树的群体。伴随着他们发现茶解毒治病的功效，对茶的需求不断加大。为了不再每次用茶都得钻进深山老林，他们就把高山上的茶移植到房前屋后。居住地的海拔依然比较高，气温低，茶树的生长速度很慢，如果用茶籽种植，就得等很多年才能采摘。他们就移栽一些半大的野生茶树，当年就可以采摘。这就是第一代的人工栽培型古茶树，由于移植的是附近山上的野生茶树，所以他们把这种茶叫“本山茶”。

云南的临沧、西双版纳、普洱、保山等地，很多山上都有成片的栽培型古茶树，几乎有野生茶树的山上都有栽培型古茶树。现在很多人推崇的古树茶，如冰岛、景迈、班章、易武等，全都是栽培型古茶树。这些树就是先人们早期人工参与茶树迁徙的证据。

最古老、最大的一棵人工栽培型古茶树，是临沧凤庆县香竹箐的锦绣茶尊，树龄达3200多年，大概种植于商周时期，这是茶的人工迁徙最早的活的例证。

而云南省临沧市的白莺山是一个特

香竹青人工栽培型茶树王：海拔2245米，树高10.6米，周长5.8米，树龄3200年。

世界上最大的一棵没有人为扰动的野生大茶树。临沧野生茶树王：海拔2540米，树高30米，周长2.5米，树龄3000多年。

别神奇的地方，这座山的海拔有2800米，与无量山隔江相望，山上有大量的古茶树。云南其他地方的古茶园，山上的茶树大多是一个品种，而白莺山则种类繁多，包括本山茶、二嘎子茶、白条子茶、黑条子茶、勐库茶、藤子茶等，多达十几种。这是其他茶山所罕见的，因此白莺山有“茶树品种博物馆”之称。

究竟是什么样的条件，让白莺山汇集如此多的品种，至今仍是未解之谜。这个谜被解开之日，必然是人对原始茶认知大提升之时。

有一种说法，在野生茶和人工栽培型茶之间，存在一种过渡型茶。其实，自从人类在云南的高山上开始移植茶，一直到把茶树栽培到我国东南沿海的漫长过程中，茶的品种始终处在过渡之中。因此，准确的说法是茶树伴随着迁徙始终处在过渡演化之中，都是过渡型茶树。

还有一种说法，在野生型古茶树和栽培型古茶树中存在驯化型古茶树，这实在是对自然的藐视。茶树的演化是为了适应生存环境而改变性状，这些改变人类是无法干预的，又何来的驯化？只能说，人类选择了茶的某些性状加以利用，人类只能选育自认为好的茶，而无法驯化茶！

茶迁徙的三个方向

伴随着茶移植的过程，人们培育茶的经验丰富了以后，开始用种子、育苗移栽、扦插等更成熟、效率更高的方式移种茶，于是茶迁徙的速度加快了。

漫长的岁月中，茶树自临沧、普洱、保山一带，从发源地大概沿着三个方向往外传播。

一是沿着云贵高原的横断山脉，沿澜沧江、怒江等水系向西南方向传播，这些地方纬度更低、湿度更高，茶树逐渐适应了温热多雨的气候条件。更高的温湿度和光照，让茶树出现生长迅速、树仍较高大、叶面隆起、叶上表皮栅栏组织多为一层的形态特征。

二是沿着云贵高原的南北盘江及元江向东及东南方向迁徙，受东南季风影响，气候呈干湿分明的特点。这一地区的茶树，由于旱季气温高，蒸发量大，茶树面临干旱危害。茶树则保留了较为原始的野生乔木大茶树类型，特点是乔木型或小乔木型，叶面角质层增厚，叶上表皮有栅栏组织一层，叶背气孔小而疏，主要是为了减少水分蒸发，度过干旱期。

三是沿着云贵高原的金沙江、长江水系，向纬度更高、冬季气温较低、干燥度增加的区域迁徙。这些地区的茶树，由于冬季气温低，有发生冻害的危险，而到了夏天，气温高，云雾少，又有日照灼伤的可能。为了应对新环境，茶树逐渐矮化，由乔木变为灌木，叶片变小。

茶的迁徙速度，与饮茶群体的增加速度是一致的。茶树的迁徙路线是沿着商品传播的路线进行的。陆羽在《茶经·之产》中列举了大量茶产地及不同地区茶的品质，这说明早在这本书写成之前，已经出现了茶区的概念，人工移植、种植茶已在多地出现。

中国的先民花了几千年的时间，最早是把茶从高山上往下移种。茶由海拔1750~2800米之间的野生大乔木茶，不断降低身段，一直到了低海拔区，成为一丛丛的灌木茶。随着茶树的不断调整其适应性，移栽的边界越来越大，扩展形成中国现在的西南、华南、长江中下游、江北四大茶区。

中国茶向海外的迁徙则伴随着文化传播和贸易传播而进行。文化传播前文已经讲过，是唐宋时期，日本、朝鲜的学问僧、遣唐使带走了茶种，茶树在日本、朝鲜能够适应的区域种植。

越洋贸易的影响更大，让茶树迁徙更远。因为利益的驱使，一些原本只生长在某个地区的植物跨越千山万水，传播到遥远的异国他乡。茶树在鸦片战争以后，被英国人种植到印度。之后，肯尼亚、锡兰、非洲等地也移植成功。茶树全球的迁徙开始提速，只花了不到一百年时间，移植到了五大洲七十多个国家。凡是适合茶树生存的地方，都出现了这株源自中国的植物。

茶树虽然因生态环境改变而产生了较强的适应性，但探寻茶树生长边界的尝试仍然在不断进行中，可以肯定的是，边界地区勉强能让茶树生长，但品质一定不会好。1954年，国家为了活跃经济，提出一个“南茶北引”的计划，于是很多北方的地区开始尝试种茶。当然，大部分是不成功的，只有一些地方有所成功，像山东、山西，甚至辽宁一些地区现在就产茶。

中国北方地区不断在做尝试，国外也不甘示弱，比如俄罗斯这个寒冷的高纬度国家，也尝试种茶。在距离首都莫斯科1400公里、高加索山脉最西边白雪皑皑的菲什特山下，就开辟出了茶园。这里盛夏七月，山上的冰雪都无法消融，南边黑海刮来的温暖海风，使得山凹的茶树获得一线生机，勉强生长。

茶树在得以生存的边界环境中，顽强地活了下来，但活得辛苦，活得艰难，这样的存活状态，能够长出好的原料吗？表面上看，这是人类和植物共同努力取得的胜利，但往深里看，是让茶树生长在本不适宜的地方，是对资源的浪费。

总体而言，茶树的迁徙始终在人力的强力推进中进行。

茶树的迁徙路线

茶的种植传播如同文明的传播一样，从发源地起始，经过几千年由慢而快，顺着水路延伸，再向内地展开，大趋势是由高向低迁徙移植的过程。

六千万年前，茶诞生在澜沧江中下游的核心区。

六千万年，自然迁徙到了六大茶山的高海拔地区。

七千年前，茶被人从澜沧江中下游的高山上移种山腰、山下。

秦代，茶被移种到了四川和贵州。

汉代魏晋南北朝，茶出三峡，茶的种植到了长江流域。

唐代，茶叶种植向长江南北强力扩散，进入珠江流域，传入日本、朝鲜。

唐代晚期，茶的种植进入福建。

宋代，茶叶的种植继续传播到广东、广西，由福建传入台湾。

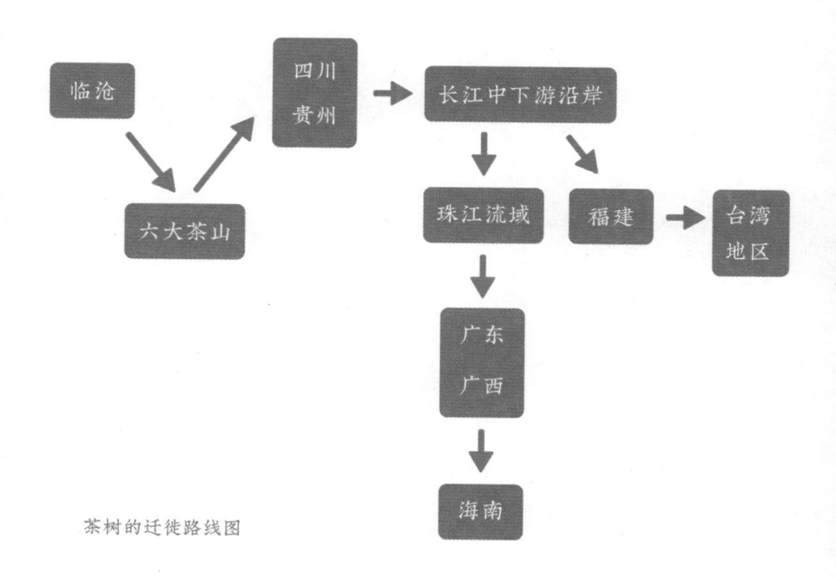

茶树的迁徙路线图

明代，茶的种植基本抵达了中国可种茶的地区。

清代，中国茶叶四大茶区形成。

清代晚期，鸦片战争后，英国人把茶移种到了印度和斯里兰卡。

近现代，世界有七十多个国家种植生产茶。

茶原料品质的优劣与茶树品种和生态环境的变化相对应

海拔越低，茶树辈分越小，茶树越矮，叶片越薄而小，凝聚的茶质越少，茶的功效越弱，茶原料的品质就越差。

茶树的迁徙由高海拔向低海拔迁徙，海拔越高，茶树越高大；海拔越低，茶树越矮小。海拔与茶树的大小之间呈正比，而且与茶功效和活力强弱、品质好坏也呈正比。

“土脉历时代而异，种性随水土而分。”

土壤的性质经过漫长的时间而发生变异，农作物的种类、特性也会随着不同地域的水土变化而有所区分。我国古代的农学家，很早就发现了植物与土地之间的关系，地理环境并非一成不变，植物也会随水土的变化而变化。

我们知道，茶树在迁徙的过程中，随着海拔的降低，环境条件会发生一系列的改变，茶树为适应新的生存环境，也就产生了各种变异。

另外，人类介入茶的迁徙后，情况更加复杂。人工嫁接杂交、选种繁育等手段的参与，加剧了茶树变异的复杂性，最终形成形态各异的茶树资源。

现在，教科书的分类方法是按照茶树不同的形态分类型：大乔木种、小乔木种、大灌木种、小灌木种；大叶种、中叶种、小叶种。

这种分类法是根据茶树外部特征进行的简单明了的划分，但对不同品种是如何形成的，以及不同品种之间的关系都没有阐述。而这是对茶树不同品种形成的原由不清，没有找到茶树品种与生态关系的原理所致。

有些人会觉得这种分类法太笼统宽泛，致力于挖掘每个产地茶品种的特点，为成千上万个茶品种画像。编辑如茶叶品种大典、汇编、图谱之类的大型图书，对入册的每一种茶做出详尽的描述，产地、属于哪种茶类、有什么风味特点等。看完之后，让人迷失在细节里，对于每种茶形成的原由依然一头雾水。

目前，已知的茶树中最高的可达30多米，围长达5米多，最大的叶片长达30厘米；最矮的茶树只有0.2米，主干直径不足2厘米，叶片长仅有1厘米左右。我们统称它们为茶树，但它们的区别这么大，就算知道了属于哪个茶区的哪种类型的茶，或者把茶叶大典中的茶资料背下来，我们依然无法给这些茶准确的品质定位。

只有知道这个茶是何时何地迁植过来的，才能知道它的父母是谁，是在什么样的情形下长成这个样子，而且只能长成这个样子，以及在整个茶家族中处在什么位置。

茶树品种的本末关系

“物有本末，事有始终。知所先后，则近道矣。”

天地万物皆有本末始终的过程关系，只有知道了本末始终，才能明白事物发展的规律和道理。

无论是自然迁徙还是人工迁徙，茶都是由高海拔向低海拔迁徙演变，天下所有的茶都同宗同源，是同一祖宗的子孙后代。

为了便于讨论，我们仅以国内的茶来进行本末分析。茶的发源地是茶的本，经过几千年的迁徙，东到东南沿海，北方最远到辽宁省北镇市的闾山茶园，南至海南、广西、广东，这些地方是茶的末。

“橘生淮南则为橘，生于淮北则为枳”，对任何一个生命，产地是非常重要的，往往决定了其属性和特征。换了一个地方，气候环境、光照、降水、土壤等都在变化，能落地生根，说明具备可以存活的条件，但生存的状态是不同的。很多时候，为了生存意味着牺牲和舍弃。

加拉帕戈斯群岛，一个让达尔文与上帝“告别”的地方，直接启发了他写出《物种起源》。这里生活着海鬣蜥，一种比较原始的动物。它的体形本来很大，但每逢厄尔尼诺来临的年份，海洋环境恶化，影响了海鬣蜥的主要食物海藻的生长，食物缺乏，导致海鬣蜥饥饿难耐，死亡率高达85%。为了应对环境的变化，海鬣蜥不得不缩小体形，降低新陈代谢，才能渡过难关存活下来。

茶也是同样的道理，当环境恶化时，茶也会缩小身形适应新的环境。以茶的发源地为起点，从海拔2800米的本到海拔为0的末，画上一条斜线，把每个海拔高度相应的茶种放上去，就能得到一张不同海拔和相应茶树品种演变的剖面图。从这张剖面图上，可以看到茶树的大小与海拔高低的对应关系。

伴随着海拔的变化，海拔越低，茶树越矮，叶片越小越薄，依次递减。

在后文剖面图上可以非常清楚地看到，茶在发源地1750～2800米的海拔上，大自然在这里赋予茶生命的道法，汲取着属于茶的天地精华，长出30米以上的高大巍

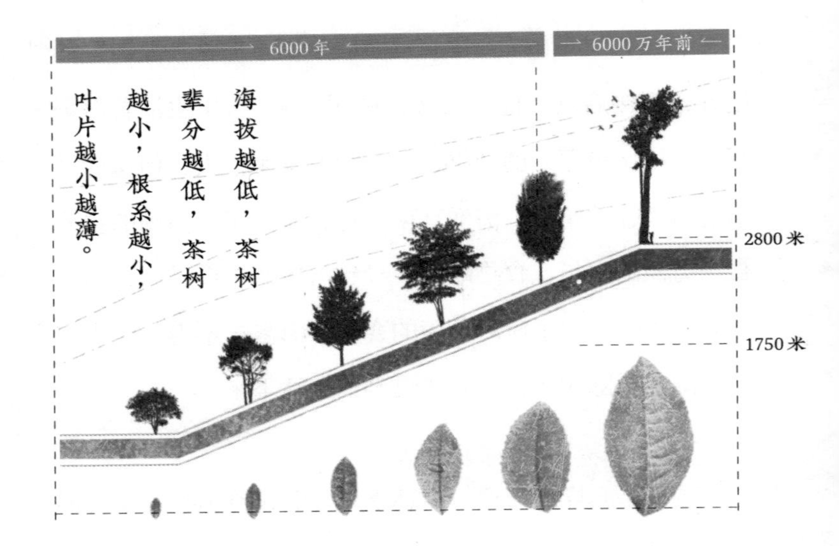

迁徙使茶的树形、叶形发生演化形成分类，本大末小。

茶从高海拔向低海拔迁徙，是茶喜欢的各生态要素减弱和丢失的过程！茶树越小，叶子越小，也是茶品质下降的过程。原始生态缺失越多，矿物质、有机肥弱化，温度升高，温差变小，阳光减弱，云雾变少，水份失衡，空气混浊。生长加快，寿命变短，茶质越少，越不耐泡，分子基因越复杂，功效减弱，活力衰退，茶的质量整体下降。

然身躯。野生大树茶拥有与生俱来的强劲活力，茶因缘俱足而自性圆满。

我们再来看伴随着海拔的降低，影响茶树生长的九个生态要素发生了怎么样的相应变化。

海拔：茶喜爱的各种生态要素都在减弱，甚至丢失。

生态链：植被减少，物种多样性降低，生态链变短变弱，生态平衡更容易被打破。

土壤：动植物的种类减少，腐殖质层变薄，石头风化不足，天然的有机肥和矿物质变少。

温度：温度升高，生长速度加快，所凝聚的内含物质减少，活力变弱。

温差：温差变小，茶树的代谢加快，内含物质积累减少。

云雾：高山才会有云雾，低海拔区域云雾较少，不利于鲜甜和芳香物质的合成。

阳光：阳光强度变弱，又缺乏云雾和高大树木的遮挡，多是直射光，光合作用不理想。

湿度：冬旱夏涝严重，不利于茶的生长，自然灾害系数增高。

空气：海拔越低，空气越污浊。

可以清楚地看到，海拔与其他八个生态要素全联动关系，高优低劣。致使，海拔与茶树的大小呈正比关系。

所以海拔是判断茶树大小最直观的标准。

茶树在发源地向低海拔区域自然迁徙了六千万年，在云南西南地区，临沧到西双版纳的地势是由高到低的。可以看到，临沧的茶树最高大，到保山、普洱，再到西双版纳，茶树在逐渐变小变矮。

人类发现和利用茶之后，有意识地把茶树往山腰山下移植，随着海拔的降低，茶树出现了变化。在澜沧江两岸，高高低低的茶园里，相对海拔有高大的乔木大叶种，也有中小乔木、大中灌木种，叶片也有中叶种和中偏小叶种。

在绝大多数情况下，海拔高度、生态环境、茶树的大小、茶原料的品质、茶功效的强弱，五者互相联动，呈绝对的正比关系。

根据以上的联动关系，海拔是最直接最易获得的数据，只要知道五个要点中的海拔，也就可以推断其他要点的状况。比如，知道了茶树生长的准确海拔，就能知道这个茶树最多能长多高，也能知道这个茶树的生态水平、原料品质水平、功效强度，以及这个茶在整个茶家族中所处的位置。

需要注意的是，茶树的演化也遵循生物界的不可逆法则。茶在低海拔地区生长一段时间之后，变成矮小的灌木中的小叶种，如果再把它移植到海拔较高的地方，茶树能长高一些，但不可能再恢复到同海拔乔木大叶种。如印度大吉岭、黄山毛峰等海拔较高地区的茶树，是由低海拔的小茶树移栽上去的，除了高度上有所增加，其他的形态特征并没有明显的改变。

当然，以上是对中国茶做的一个整体的判断，我并不否认存在独特的小气候，如某些地方有很好的生态，形成云雾，种出的茶原料也可圈可点。但整体而言，每种茶的位置基本由海拔所决定。

此外，土壤中的矿物质和微量元素也是影响茶味的重要因素，所以不同产区茶原料的味道也不尽相同。大一点的范围，有山头茶的概念，追求的是独特的山味，这些年以易武、班章、冰岛等山头茶为代表。而更极致一点呢，是山头中的小片区，这是因为同一个山上不同位置也有区别，尤其是野生茶树，在同一个山上，不同片区的味道都不一样，阴坡和阳坡的味道也有区别，比如以易武为例，还分刮风寨、薄荷糖、落水洞，等等。最极致的茶人会追求喝单株茶，这是因为一株一味，每一株都有味道上细微的区别。

从发源地海拔2800米，到东南沿海海拔0米这个区间，茶树从大乔木大叶种逐渐演化为小灌木小叶种。

至此，我们可知一个茶的定律：

> 茶好，必须原料好，原料好必须生态好，生态好必然海拔高，海拔高茶树就高大、树龄就长，树高大树龄长，茶不但功效强，活力亦强，茶原料的品质才高。

你想吃枸杞，那只能去吃宁夏的枸杞，没听说过吃福建或江苏的。要吃好的三七，只能去买云南文山的三七。要找最好的人参，只能是长白山上森林里面的野山参。在长白山森林里人工种植的人参，几十年以后长成叫林下参，它的功效不及野山参的一半。在长白山下开出一块地种人参，长出来的叫作园参，它的功效远远不及林下参。我在北京的菜地种出来的人参，功效和品质相当于萝卜，可以称之为“萝卜参”。

《中庸》言：道也者，不可须臾离也，可离，非道也。随着喝茶人的增加和生活条件的提升，愈发追求茶的品质，近几年开始产生一个现象：茶，越喝海拔越高，越喝树越大，越喝树龄越长，越喝加工越少，越喝越接近自然。

竹皮削皮茹。又【易·泰卦】拔茅連茹。【王註】根相牽引貌。【程傳】根之相連。【孟子】飯糗茹草。【莊子·人間世】不飲酒不茹葷者數月矣。又食也。又【爾雅·釋詁】啜茹也。又貪也、恣也。【揚子·方言】茹，今茹圂蔘。又【說文】茹飯牛也。【廣韻】飯馬也。又度也。【詩·邶風】不可以茹。又伏承【分注】茹菜瘦也。又臭敗也。【呂氏春秋】以茹魚驅蠅，蠅愈至。又采茹。【前漢·食貨志】菜茹有畦。【晉書·地理志】環廬樹桑菜茹。又也。又水名。【水經注】滇水又東，茹水注之。又地名。【前漢·地理志】反茹陂以溉稻田。又姓。【晉書·五行志】茹千秋爲驃騎將軍。【通志】音皆于字義無係，如易之連茹于彙，音如易釋讀爲詩之匪茹寒日如蠑茹蘆茹芋茹，竿及爾雅疏茹音如茹毛茹草茹蘆茹芋茹遐以遠茹不茹茹毛飲血于如音以來茹形茹等茹列于露音井

[illegible]【集韻】居蚪切【集韻】居尤切，并音樓。【正音】草之相糾繚也。又【字彙】古猛切，同芈。

茻【集韻】文紡切，音罔。凡茻之屬皆从茻。別作蔓茹，逐兔蚰中也，非蚰蚰之義。又【廣韻】模朗切，音莽。叢生。又滿補切，音姆。茇後切，音海，義林同。【玉篇】作莽。

苘

[illegible]

第三章

加工

茶为什么要加工？

为了去除茶里以苦涩为主的不良口感，

尽量让其不难喝，

再尽量让茶好喝、好看。

茶为什么要加工

顺天应人，适时而动。

——《周易》

茶加工的历史进程

遵循自然规律，顺势而为，审时度势而采取行动，才能达成目标、得偿所愿。

当我找到了茶的发源地，在众多野生茶品种里找到最原始的野生茶品种，这应该就是最完美的茶原料了。神奇的是，在最原始的野生茶品种里，居然找到了天生不苦不涩且好喝的茶，这是一个从未品尝过，甚至没听说过的独特品种。

在“茶就是需要加工”的惯性思维驱使下，下意识地想找到这种“最完美茶原料”最合适的加工方法。于是，我先后请了湖南农大等高校专精加工的教授、茶叶加工的传承人，以及各类茶的制茶高手共11人上茶山，给他们配备了所需的各种制茶的工具设备，并按每个茶叶品类对原材料的特殊要求去采鲜叶。用了三年时间做出了五十多款茶，几乎能叫得出名字的茶都做出来了。

之后请专家、老茶人、茶爱好者、对茶完全不懂的人反复品饮。品了大半年，没想到的是，大家竟然一致认为，野生大茶树天生不苦不涩的品种，从山上的茶树上采摘下来，只用山风凋干的茶，是最好喝的茶。我的脑子里突然跳出一个念头：茶为什么要加工？是因为有缺陷。茶原料没毛病，为什么要加工呀！

那茶的毛病是什么呢？加工是怎么产生的？产生了什么加工工艺？这又要去挖掘茶叶加工的发展历史，从中找到茶叶加工的历史渊源和逻辑必然性。

要知道茶为什么要加工，每个加工工艺是在做什么，那就要明确加工的目的是什么，而加工的目的，是由用茶的什么功效及用茶方式决定的。在漫长的用茶历史中，在不同时期，人们对茶功效的认识是不同的，用茶的方式也是不同的。也就是说，对茶功效的认识决定了用茶的方式，进而确定了加工的目的，不同的目的产生出相应的加工工艺，这就是加工工艺产生的逻辑。

要把“茶为什么要加工”这个问题弄明白，就要从梳理人类对茶功效认识的历史进程开始。本书的第一章探讨了这个问题，人对茶功效的认识过程是：

远古时期，发现茶能解瘴毒。

古代，发现茶能解百毒。

在远古到唐之前的几千年里，人们把茶作为“清热解毒、提神醒脑”的一味药。使用的方法是，大夫把茶开在药方里，与其他药一起给病人煎服。因为“良药苦口”，所以病人对茶的苦涩味并不在意，这个时期的加工工艺不是针对苦涩的。

砖茶　茶饼

沱茶

伴随着人们对茶的药用效果的广泛认可，对茶这味药的需求量逐渐加大。最早茶的产区在云贵川的山上，如何解决茶的运输和储存成为首要问题。人们就把茶晾干后紧压成饼、砖、沱等形状，便于骡马驮、车船运。也就是说，唐代之前产生的是为了运输储存方便的紧压茶加工工艺，这个工艺延续至今。

茶：唐前为药，唐后为饮。

唐代是茶命运的转折点，把茶分成了唐前和唐后两大阶段。

唐代，人们发现并明确了茶的保健功能，茶从治病的

人驼茶

骡马驼茶

药蜕变成为日常饮用的保健饮品，所以有了后人“茶兴于唐”的说法。

茶史五千年，药史三千七百年，饮史一千三百年。

因日常饮茶始于唐，故唐前无茶具。

对茶功效认识的改变，使茶的用法改变，加工的目的也相应改变，所产生的加工工艺当然就会不同。

由于唐代是茶从药用到日常保健饮用的过渡期，茶在用法上是混乱的。这时陆羽这个标志性人物出现了，写出了茶作为饮品的第一部专业著作《茶经》，也把有苦的意思的“茶”字，减去了一横，出现了一个新字“茶”，并沿用至今。茶从唐代起以划时代的保健意义昭示天下，改天换日般突飞猛进地发展，迁徙种植急速扩大，贸易运输强力延展。并从唐代起，开始对茶进行文化挖掘和注入人文内涵，也可以说茶文化始于唐。

茶作为日常保健饮品后，新的问题出现了。茶里有人不喜欢的苦涩味，并且一些产区的茶寒性比较重，长期饮用人受不了。怎么办呢？茶加工的目的发生了根本性的改

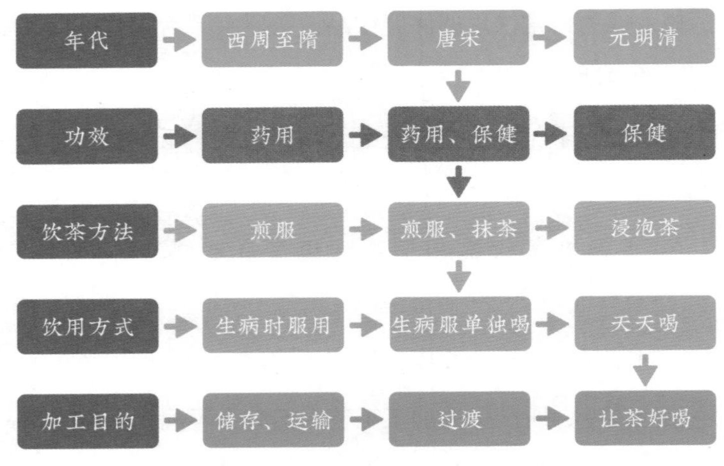

茶叶加工目的的演变

变，从唐代起，人们就一直在寻找让茶不苦涩的办法，想在人享有保健功能的同时，也能感受到口感的快乐。为了达到这个目标，人们探索努力了上千年，乃至当今仍在进行中。同时也在不断寻求饮茶的最佳方式和最适合的茶具。

《茶经·之造》如此描述当年饼茶加工的过程："晴采之，蒸之，捣之，拍之，焙之，穿之，封之，茶之干矣。"鲜叶采摘后，蒸制，捣碎，拍压成一定的形状，之后以火烘干，穿成串，包装好，保持干燥。

《茶经·之饮》中，陆羽明确指出，"饮有粗茶、散

唐代石头茶具

茶、末茶、饼茶者”。说明当时还是紧压茶是主流，但也有少量的散茶。

唐人为了提升茶的功效，把茶碾碎，放在煎药罐里煮。煮好了倒入茶盏里，用往茶汤里加盐或香料的办法来压制苦涩，性寒的茶加几片姜，这个方法可以称为外添加掩盖法。在饮用方法上沿用了煎药的煮法，用具上几乎与煎药器具相同，所以我们把唐代的饮茶法叫煎服。

宋代，改进了饮用方法，并试图把茶分出好坏优劣，发明了斗茶法。

茶的保健功效在宋代被推广，日常饮茶的人陡然增加，所以有“茶盛于宋”之说。

宋人发现煎茶法是把碾碎的茶末先放入锅中，后加入水煮开了饮用。这个方法明显的缺点是不能控制茶汤的浓度，细嫩的茶往往会煮过了，不但破坏了茶性而且不好喝。宋人反过来，先把水煮开，等水降到合适的温度后，再按喜欢的浓度点入适量的茶末，搅匀后饮用，这就是宋代的点茶法。

另外，宋人试图把茶分出好坏优劣，发现把茶末投入热水后，因为茶里含茶皂素，快速搅拌茶汤会泛起大量的泡沫。泡沫起得越多，消失得越慢，色泽越白，茶的品质越好。这个实践被现代科学证明是正确的，因为茶里的内含物质越丰富，氨基酸和糖类物质越多，泡沫就会越多，消失得越慢，茶越干净加工越少，泡沫的颜色就越白。宋人为此形成了一套方法，就是历史上有名的宋人斗茶法。

宋代建盏

为了斗茶的效果明显，就要选择和制作适合的器具。斗茶需要快速地搅拌茶汤，那么装茶汤的盏就必须是敞口的。为了避免茶汤降温的速度太快，茶盏壁的厚度必须要厚。要对比茶泡沫的白度，背景的颜色对比度就要强。人们在众多窑口里寻找适合斗茶的碗，发现福建建瓯的黑釉碗最为合适，经过改造以后就成了有名的斗茶用的建盏。偶然烧制出带有特殊纹理的，被奉为上品，如兔毫、滴油等。但值得注意的是，建盏是为了斗茶而使用的特别用具，而不是饮茶的最好选择。

崇尚精致生活的宋人，不大瞧得上唐朝相对比较粗糙的茶饼。北宋无名氏《南窗纪谈》记载："唐人所饮，不过草茶。今建州制造，日新岁异，其品之精绝者，一饼值四十千，盖一时所尚，故豪贵竞市以相夸也。"宋人为了做出精致的茶饼，可谓苦心孤诣、登峰造极。范仲淹在《和章岷从事斗茶歌》中写道："研膏焙制有雅制，方中圭兮圆中蟾。"欧阳修则感叹："茶之品无有贵于龙凤者，小龙团茶，凡二十饼重一斤，值黄金二两，然金可有，而茶不易得也。"有人折算过，一饼龙团茶要人民币两亿四千万元，绝对是奢侈品中的奢侈品了。这是发现茶新功效后惊喜的亢奋现象，对茶功效本身并没有什么意义。南宋的赵汝砺在《北苑别录》中有很详细的记载，非常复杂，大概分采茶、拣茶、蒸芽、榨茶、研茶、压模、过黄七道工序。采摘的时候看天时，天亮前采摘，天一亮立马停采。采回的茶要分拣，细嫩的芽茶再三洗涤，然后入甑蒸制，蒸的时候火候很重要，要蒸熟，还不能蒸过了，以青草气散去为恰到好处。蒸制杀青后，以冷水淋数次，分大榨小榨，以去掉水分。之后加水研磨，加水是为了研磨得很细，同时也可以把粗糙的叶脉沉淀过滤掉。研磨是很费功夫的，既需要力气，也讲究技巧。之后，研好的茶用热水烫，使之均匀，搅拌后，压模做成茶饼。最后还要过黄，是为了提升香气，形成好看的表面。

宋人费这么大功夫加工茶，只是为了好看吗？已经不全是了。它的一系列流程，已经开始摸索去掉茶的苦涩的办法。挑拣最细嫩的芽头，用水一遍遍地洗，蒸制后压出茶汁，再研磨碎过水，滤掉粗糙的

宋人斗茶图

部分，最后还要焙火提香。经过这些操作，宋人的茶是不苦不涩的，但他们付出了很高的成本代价，一方面是投入了巨大的人力物力，另一方面是丧失了茶中大量的成分物质。

宋代的紧压茶工艺在极致化的追求中，越发精美，却也有流于形式之弊，必定被更简洁的制茶工艺取代。总之，宋人在制茶精致化上做了大量工作，找到了评价茶叶品质的办法。为找到去除茶里苦涩的方法做了不遗余力的努力，但是效果不佳。

元代，饮茶被大范围推广

蒙古大军南下，草原民族统制了中原地区，宋代的精致文化也戛然而止。草原本身不产茶，也不制茶。蒙古人喝上茶后，因为快速补上了维生素，清除了消化系统多余的脂肪，平衡了身体的酸碱度等，就再也离不开茶了。游牧民族是典型的在意喝茶的功效，对口味的要求并不高，而且与他们的习惯相结合，喝的是茶奶同煮，加糖或加盐饮用，这样的喝法把茶的苦涩味掩盖掉了，他们关心的是要天天喝上奶茶，没动力去寻求去除苦涩的方法。对茶最

蒙古人的奶茶

大的贡献，是通过四次西征，在短短的二百年里，让茶风靡了中东和欧洲。

这一时期，宋朝的部分遗民依然保留着原有的点茶法喝茶，也有人开始尝试改喝散茶。茶的加工方式在这个阶段没有实质性的推进和改变。

明朝，改团为散，饮茶人数持续快速扩增，力促加工方式进步。

明朝起，设立了盐、铁、茶专营制度，茶的税收占财政收入的20%以上，既增加了国家财政收入，也促进了茶产业的进一步发展。蒙汉又成两国，于是边境上恢复了唐宋时期的茶马互市，以茶控制边疆游牧民族。

明代徐光启的《农政全书》有这样的记载："种之则利薄，饮之则神清，上而王公贵人之所尚，下而小夫贱隶之所不可阙。诚民生日用之所资，国家课利之所助。"整个明朝，政府一直非常重视茶产业，建立了严格的专营制度，种植茶面积大幅度增加。

明朝推翻元朝的统治后，对宋朝的灭亡进行了反思，其中就包括宋朝贵族过于精致化、奢侈化的生活方式。在精明强悍的明太祖朱元璋眼里，宋徽宗所推崇的龙团凤饼，对茶的品质并没有提升的作用，就是劳民伤财玩物丧志，是亡国的因素之一，于是发皇帝令"罢团进散"。茶不再以流程复杂的工艺做成茶饼，蒸青干燥后泡饮，省去了大量华而不实的无用功，让茶回归到原本的样子。

很长的一段时间，明朝大多喝的都是蒸青绿茶。就是把茶的芽头采下来之后，放入甑中蒸汽杀青，然后焙火干燥。但细嫩的芽头产量有限，那就采一芽一叶、一芽两叶甚至更粗老的叶子。这样一来，泡出来的茶必然苦涩味重。人们开始更注重找寻去掉苦涩的办法。一直到明朝中

炒茶

期，茶叶的加工方式都没有大的突破。最重要的发现是炒青工艺，明确了炒青可以去除茶里比较轻的苦涩的作用，比蒸青效果好。明中期嘉靖年间《茶谱》中首次提及茶叶的加工方式为炒青，以“炒焙适中”四字概括炒制的程度要求。到了万历时期，《茶录》《茶经》《茶疏》和《茶解》等茶书中对炒青制茶法做了详细的描述。因此炒青绿茶应该是在明中期出现的。

明朝另一个伟大贡献是找到了最佳饮茶法的浸泡法，就是把制好的散茶投入茶杯，注入适当温度的热水，浸泡后饮用，这个方法沿用至今，再没有出现让大多数茶人认可的冲饮法。明朝还有一个贡献是发现用紫砂壶来泡茶，

揉茶

能够让茶汤在更长的时间里面不变质。

清朝，为解决茶苦涩的问题，着重在茶原料上下功夫，终于奠定了茶叶现代加工七大工艺。

清朝三百多年的时间，因喝茶已经非常普遍，而且人的平均寿命在增长，人们认为跟喝茶有关，喝茶的群体仍在扩大，已经形成一个不小的市场，人们对改善茶口感的要求日益强烈。各茶产区经过漫长的反复摸索实践，陆续找到去除茶叶苦涩的多种工艺，让茶既有口舌之快又有健康之益。

应该说，明朝中期至清朝，是茶加工工艺的成熟期。为了去除茶的苦涩，萎凋、杀青、揉捻、渥堆、发酵、烘焙、陈放等工艺基本定型。

茶叶
加工的密码

加工，趋利避害尔。

茶优异的健康功效，人人要饮用。通过加工去除人不喜欢的苦涩味，让人快乐饮用。

明、清两朝茶的加工工艺成型，工艺如何分类是一个粗细程度的选择问题，为了方便说明问题，我们选择了萎凋、杀青、揉捻、渥堆、发酵、烘焙、陈放七大工艺的分法。

1.萎凋：鲜叶采摘后的摊晾。目的是挥发鲜叶中的一部分水分，让茶青软化，散去一些青草气，以便下一步的加工。这个过程茶青会发生一系列的化学反应，比如由于失水和呼吸作用，细胞膜的通透性增大，酶的活性增强，叶子中的大分子物质开始降解。因为茶青处于静置状态，基本没有搅拌和碰撞，叶缘细胞膜少有破裂，仅会发生非常轻微的发酵现象。

2.杀青：杀青分晒青、蒸青、烘青、摇青、炒青等几种。这里指的是炒青，也是杀青里最有效的一种，是指通过高温炒制的方式，钝化和破坏叶片中的活性酶，达到去除青草气和苦涩的效果，并且能提升茶的香气。杀青彻底的话，茶会基本停止氧化发酵。

在明中期以前，是采用蒸汽杀青，就是把茶青放到甑里面蒸，后来才有了炒青、烘青。随着机械设备的进步，现在还有滚筒杀青、微波杀青、热风杀青等。不同的杀青方式，虽然目的都是将活性酶灭活，但会让茶呈现不同的风味口感。

摇青是乌龙茶初制中的特殊工序，又称“做青”“撞青”，由摇青和晾青两个程序交替进行。摇青的过程中，叶片边缘受到碰撞破裂，鲜叶内就会被激发出修复破损的物质，而这种物质是乌龙茶独有香气的主要来源。

3.揉捻：通过外力破坏茶的细胞膜，让茶的物质和水分渗出来，以便茶青更快地进行发酵。

4.渥堆：顾名思义，“渥”是在茶叶上洒水，“堆”是将茶叶堆起来。茶在发酵时会提高温度，堆好茶叶，洒上水，就是为了保持湿度并产生较高的温度，还可以在上面覆盖麻布，制造又潮又热的环境，让茶叶更快速、更充分地发酵。

5.发酵：是指茶青在活性酶作用下产生的氧化反应，

把茶多酚转化为茶黄素、茶红素、茶褐素等深色物质的过程，让茶的颜色变深。我们现在知道，茶多酚呈苦涩味，发酵可以被转化，能有效降低茶的苦涩度，是去除茶里苦涩最重要的手段。

6.烘焙：顾名思义就是文火炙烤。它的作用是，在发酵的程度刚好达到去除茶里苦涩的时候，及时烘焙，把茶里的活性成分灭活，达到固化味道的目的。同时也去除了茶叶中的水分和杂味。烘焙时发生美拉德反应，让叶片中的糖、氨基酸等物质焦糖化，产生焦糖香、蜜香等人们喜欢的香气，起到提香的效果。

当茶原料特别苦或特别涩，靠全发酵也去除不了的时候，就只能用长时间的高温烘焙来解决。

烘焙保留了高沸点的物质，能把茶叶中低沸点的杂质带走，如苦涩之源脂型儿茶素的成分降低，游离型儿茶素增加，这样能减弱茶的苦涩味。烘焙过的茶闻起来香，其实只是将茶的苦味、涩味、杂味等成分降低了，让人喝起来没那么苦涩，但也失去了茶的鲜爽口感。烘焙不能提升茶的品质，反而会对茶的内含物质造成伤害，减弱了功效和活力。通过高温杀青或烘焙提升的香气，会随时间的推移而衰减，温度越高，时间越长，衰减就越快。

7.陈放：陈放的本质是较长时间的慢发酵过程（普洱茶和黑茶往往会以这种方式来去掉茶的苦涩味）让茶慢慢醇化，呈现更柔顺的口感。

以上七个工艺中，杀青、发酵、烘焙是去除苦涩的核心工艺，其他工艺是为了更好地完成这三个工艺。

茶青不苦不涩天生好喝的时候，茶是不需要加工的。

茶原料苦涩越重，加工越重，颜色越深

茶原料苦涩渐重

加工工艺渐多、渐重

茶祖：萎凋

白茶：萎凋、晒青、轻焙

绿茶：萎凋、炒青

黄茶：萎凋、轻揉、微发酵、焖黄、烘焙

青茶：萎凋、摇青、揉团、半发酵、烘焙

红茶：萎凋、揉捻、渥堆、全发酵、烘焙

黑茶：萎凋、揉捻、渥堆、发酵、烘焙、后发酵

颜色渐深

七个工艺去苦涩关系图

茶青有轻微苦涩的时候使用杀青就可以了。

茶青苦涩度再高一点就要用微发酵来解决。

茶青的苦涩度比较高的时候要用半发酵来处理。

茶青的苦涩度很高的时候就要用全发酵来解决。

茶青很苦或很涩的时候就要用烘焙来处理。

这就是茶叶加工的密码。

当然，每一个工艺往往不是单独使用的，还要辅助其他的工艺。在加工的过程中，在不同的阶段重复使用某个工艺，形成一套工艺组合。每一类的茶都有基本的工艺流程，但也会根据茶青的特点有所调整，根据当时的气候情况进行微调，即所谓的看茶制茶。每个制茶师有自己的一些习惯，而制茶高手能够把同样的原料，制出更让人喜欢的味道，还会因为对某一款茶有代表性的加工技艺被授予传承人的称号。了解每一个加工工艺的作用，万变不离其宗，就知晓了茶叶加工的奥秘。

六大茶类的形成

茶本一色，何分六类？

茶因为有口感的缺欠而需要加工。

初入茶行的时候，被五颜六色的茶搞得有点晕头转向。茶叶原本绿油油的不好吗？为什么非要做成不同颜色的呢？做成六个颜色又是为什么？六大茶类之间是什么关系呢？它们之间有一定的顺序吗？我每次问起这些问题时，得到的回答往往是，那种茶用的是什么工艺，它的特点是什么。而这些都不是我想要的答案，并没有回答我的问题。

人不会无缘无故做事的。商品的价值，其中所凝聚的必要劳动时间是最重要的考量因素之一。人类做事向来是惜力的，绝不会去做吃力不讨好的事情，更不会没完没了地长期做无用功。那为什么还要不厌其烦地把茶做成五颜六色的呢？当我们知道了茶是为了去除以苦涩为主的不良口感而加工，是通过哪些工艺去加工的时候，就可以轻松地推导出六大茶类是怎么形成的，以及它们之间的关系和次序。

白茶

其代表是福鼎白茶。茶迁徙到福建之后，在福鼎的太姥山上，长出了一棵变异株，叶片偏大，而且上面生着很多白毫，苦涩度很低。采摘后在日光下萎凋，为了脱水保存用文火轻焙，干燥后白茶即成，就可以饮用了。因为它的茶青本身不苦涩，就没必要用去苦涩的工艺进行加工，连炒青都不需要。制好的茶，因为白毫多显白色，所以被命名为白茶。

因为这个茶苦涩度很低，省去了费工费时的加工，口感清香淡雅。于是，人们就开始大面积引种扦插，形成了一个独立的白茶品类。

为了储存和运输的方便，也有把白茶压成饼的。人们发现茶干燥得越快，茶的品质越好。近几年，福鼎开始流行萎凋房，茶青在萎凋房里24个小时就可以干透，不但大大缩短了加工的时间，而且提高了品质。

绿茶

绿茶最早出现在何处已不可考，依照明朝的政治格局，及当时茶的生产状况，可以推测是产自安徽、江南一带。如今，这两地仍然是绿茶的主要产区。

江淮、江南的海拔相对较低，茶树较矮，叶子纤细，茶青有较明显的青草味，并带有淡淡的苦涩味，明代是用蒸青来处理的。在几百年前的某一天，一个茶农突发奇想，蒸制去不净苦涩，就把茶青放到锅里炒。发现炒出来的茶比蒸制的茶香气高，而且苦涩味几乎没了，还不用再干燥，克服了蒸青的茶水汽重，省去了为去掉里面的水汽而花费的更多工夫。于是，经过反复实验，用干净的铁锅，找准了温度，投适量的茶，明确了炒制时间和手法等，渐渐地，工艺就定形了。炒青虽然也损害了一部分茶的内含物质，但让茶更好喝，人们更愿意喝了。这就是在得失间找到了一个平衡点，以最小的代价让茶为更多的人所喜爱。我国四大茶区中，这种略微的苦涩茶产区很多，炒青法出现后，很快传播开来，形成了我国产量最大的茶品类。炒制出来的茶仍是绿绿的，就把这种茶命名为绿茶。

黄茶

杯中直立的君山银针

蒙顶黄芽、君山银针、霍山黄芽是黄茶的三大代表。这几种茶的产地都是依山傍水，长出来的茶原料水汽足，带有与绿茶相近的苦涩，仅靠炒青工艺炒不透，就会有一点闷味。所以采摘后杀青，中间让它微发酵一下再炒，加一个闷黄工艺，做出的茶不但没有闷味，而且可以泡出漂亮的黄色茶汤，口感良好，这样加工出来的茶就叫黄茶。

君山银针采的时候多采一点茶梗，这样做出来的茶细细长长的。在冲泡时，茶叶会立在水中，随着水浸入的程度和水温的变化，茶叶在水中起起落落、亭亭玉立，煞是好看。

青茶

青茶又叫乌龙茶、铁观音，主要产自福建、广东、台湾等地，所用的原料大都是一芽二三叶。这些产地的茶苦涩度偏高，仅仅靠炒制和微发酵都去不掉，只能加重发酵程度。为了提升发酵度，就要揉茶，让细胞裂开释出水分。茶青的苦涩度决定了所需要的发酵程度，而发酵的程度又由揉出水分的多少所影响。经过长期反复的实践，确定了把萎凋后的茶青揉成个松紧适度的团，释出的水分所产生的发酵刚好能去除这种茶原料的苦涩。另一个重要的环节是发酵时间，优秀的制茶师，通过观察发酵的变化过程，能够抓住刚刚好去掉苦涩的发酵时间点，立即进入烘焙程序，杀灭活性成分固化味道，同时提取出香气。发酵最佳时间点不是按照人的作息时间来的，制茶师在制茶期间，只能24小时不间断地观察。

青茶有一个特别的摇青工艺。制茶人发现，当叶片边缘被碰撞后，会产生一股奇特的香气，做出的茶有一种独特的味道，让人喜爱。摇青不但是个力气活，更是一个技术活，要把茶叶摇起来垂直落下，让茶叶边缘受到触碰而微微破损，使叶片内部分泌出修复伤口的物质，这种物质不仅是特殊香气的来源，对人也是有好处的，所以摇青又叫作青。另外，采茶的时间就那么些天，尤其要做好茶，茶青只在一个不长的时间里长成，因此只能在这个时间段制作。可想而知，那段时间制茶师和摇青师傅多么辛苦，他们大都吃住在厂里，太累了抽空睡会儿，摇青师傅胳膊、腿比常人的粗一大圈，结实得像铁块一样。如此做出来的茶，仍是青绿色的，被称为青茶。

红茶

红茶制作工艺诞生于明末清初，普遍的说法是起源于武夷山桐木关的正山小种红茶，这个地方在江西和福建的交界处。古时候的交通非常不便。据说村民逃难时摊晾的茶没来得及收起来，等回来发现已经发酵变黑了，为了不浪费，就用当地的马尾松烘干后喝，味道不错。没想到做出的茶卖给外国人后大受欢迎，开始指明就要这种黑乎乎的茶。他们取名为“black tea”，直译的话应该是黑茶，但泡出来的茶汤是红色的，所以中国人还是叫它红茶。故事当然只能姑妄听之。红茶是较为充分揉捻后，渥堆进行全发酵，最后烘干而成的，这个烘焙的任务是烘干和提香，没有去苦涩的要求。因为发酵彻底，做出的茶呈红褐色，泡出的茶汤呈酡红色，故定名为红茶。

红茶全发酵和烘焙导致茶的活性成分大量减少，可以保存很长的时间，可多达两年以上。外国人买了绿茶，带回国以后，因运输时间太久，喝起来味儿都变了。红茶就没有这个问题，自然而然就成了长时间航海必备品。红茶还有很好的融合性，加糖加奶后做出的奶茶丝滑醇厚，正对欧洲人的胃口。由于这些特点，红茶便成为大航海时代的大宗产品，被带到世界各地，成为全球消费量最大的品类。海外贸易催生了红茶的生产，从武夷山传到江西、安徽、云南、四川等地，都开始做红茶。由于全发酵能够更好地去除苦涩，其适用性最为广泛，绝大多数的绿茶原料，一部分黄茶和青茶的原料都可以做红茶。

黑茶

黑茶的主产地是湖南安化，这种茶的原料叶子粗老，苦涩度非常高。需要把杀青、揉捻、渥堆、复合发酵、重烘焙等工艺都用上，才能够基本去除苦味。

当茶迁徙到了安化，人们喝上了茶，大为受益，但这里的土壤生长出来的茶太苦了，各种工艺都用上，甚至一些工艺反复用，还是无法彻底去除其苦味。最后只能用松柴炭火长时间反复烘焙，才能把苦味基本去掉。这个焙火时长，已经远远超出了干燥所需要的时间，也失去了提升茶自身的香的功能，反而是把松柴味烤进茶里去，让茶有了那么一些滋味。长时间的焙火，茶虽然不怎么苦了，但里面的有效成分也损失大半，口感上也失去了茶的鲜爽感。由于活性成分几乎全被灭活，倒也让黑茶能够长期存放，喝老茶，黑茶是鼻祖。广西的六堡茶，不是严格意义上的黑茶，因为没有长时间的焙火过程。

由于黑茶的这些特性，内地人很少喝。倒是适合边远的游牧地区，销往甘肃、新疆、青藏、内蒙古等地，还远销俄罗斯，大都是做成茶砖或千两茶等紧压茶。因为用了最多最重的工艺，做出来的茶已经由绿色的原料变成了黑色，故称之为黑茶。

至此，我们清楚了六大茶类各自形成的缘由，就掌握了它们之间的排序关系。进而可以看清茶原料的苦涩度、加工工艺的使用、成茶的颜色这三者之间的关系。

加工工艺接近的，归为一类

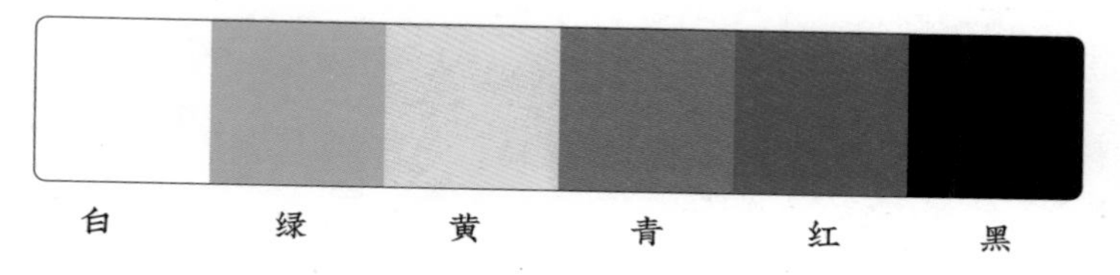

茶的苦涩度与加工工艺、颜色的关系

茶苦涩度，决定加工力度，形成颜色的深度，三度联动。由浅及深，取色阶上六个颜色为节点，定义为六大茶类。

茶原料的苦涩度越重，
用的工艺越多越重，
成茶的颜色就越深。

这三者之间呈绝对的正比联动关系。

这个内在逻辑关系弄清楚了，对于真正想弄懂茶的人会有很大的帮助。并且在这个认知的基础上，能对茶有更加深刻的理解，衍生出正确的、其他茶的认识和概念。

我们可以画出一幅六大茶类的产区分布图，而这张图也是茶原料苦涩度的分布图。

我们还可以看到一个非常有意思又值得深思的现象：

苦涩度低的茶原料，可以用更多的工艺做更深颜色茶类的茶。

苦涩度高的茶原料，

不能减少工艺做浅颜色茶类的茶。

也就是说，苦涩度低的茶原料有更大的加工空间，能做出更多种类的茶。苦涩度高的茶原料，加工有更大的局限性。

在与茶人交流的过程中，常常听到一种说法，说现在六大茶类的分类法不科学，应该有更好的分类法。有一个提法，是要用茶的发酵程度划分茶类。就我们上述对茶加工的理解，发酵只是去除苦涩的手段之一，仅靠这一个指标给茶分类，显然是有局限性的。

现行六大茶类的分类法，是按茶颜色进行分类的，也反映了各类茶原料的苦涩程度，所使用加工工艺的多少和轻重，能更全面表达出各类茶从原料状况到加工工艺的情况，而且有辨识度高，相互间更容易交流的特点。

六大茶类按颜色由浅到深的分类，也是使用工艺由少到多、茶原料的苦涩度由低到高的过程。把六大茶类按颜色由浅到深排列，就像是在一杆秤上依照加工轻重定了六个刻度。事实上，每种茶都无法严丝合缝地落在某个刻度上。由于受茶原料的产地、原料的采摘标准、采摘时间、制茶工艺的差异等因素的影响，做出来的茶都不一定能精准地落到某个刻度上。六个茶类的刻度，是把茶按颜色划出来的六个区间。世上本来就只有相对而没有绝对的事情，根据所使用的工艺的轻重多少和成茶的颜色，来判断与哪个刻度最靠近，就可以把所有茶进行归类。这样天下茶都能收归在六大茶类的框架里，任何茶只要明确了它在哪个位置，就大至知道它从原料到加工的状况了。

按照这个逻辑，我们重新审视一些茶被分类的合理性。

广西六堡茶，现在被划归为黑茶。这种茶的加工流程是：炒青、揉捻、复揉、闷堆、烘干、蒸软、踩篓、凉置陈化等。但它并没有全发酵和重烘焙，说明它的原

六堡茶制作工艺图

料苦涩度并不太高，成茶的颜色也不黑，所以把六堡茶归到黑茶里显然不太合适，它更应该是介于青茶与红茶之间的茶。

再看普洱茶，近几年盛传把普洱茶归类成黑茶。但是普洱生茶所使用的加工工艺，更接近绿茶，把它放在绿茶类里应该是恰当的。而普洱熟茶，它的加工工艺大致等同于红茶，所以应该把它分类成红茶。把普洱茶归到黑茶里面的人，实在是不知道他们的理由和根据是什么。

武夷岩茶，由于它的茶原料苦涩度非常高，要用六到十二个小时进行烘焙，从工艺上讲是最接近黑茶的。

了解了六大茶类的内在逻辑关系，你不妨把一些说得清和说不清的茶也归归类，这至少对你认识茶是会有帮助的。

茶叶加工的价值取向

遂事者，成器也；作始者，朴也。

——《文子·道原》

加工是以损害茶内含物质为代价，让茶能喝、好喝的。

人为地去做某件事物，就会成为形而下之器。追求事物的天然本色，是形而上的质朴纯真。

要客观评价一件事物，往往需要先确定其价值取向。

就加工而言，伴随着科技的进步、机械的使用和能量转换的运用，能把有限的资源效率最大化。从自行车到汽车，从火车到高铁，从飞机到火箭，一步步拓展人的能力。科学技术追求的是更快、更高、更强，追求的是效率，所以巧夺天工是科学发展的方向。

而人们对食物的追求是完全不一样的，人们追求的是无农残、有机、生态、全天然，追求返璞归真和食材的天然性。就如纪录片《舌尖上的中国》里，一再强调的是“最高端的食材，往往只需要最朴素的烹饪方式”。人应顺其自然、顺应天道，人工过多地干涉反而是一种伤害。无为而治，有为也即伤。就是这个道理。

茶也一样，花费最少的时间和力气，用最少而恰当的方法让茶变得好喝，这既最大限度减少了对食材的损害，也是尊重了茶的天然性。

归根结底人们喝茶喝的是功效，而功效存在于茶的内含物质里。加工不能提升茶的功效和基础品质，而是以损害茶功效为代价来解决苦涩问题的。用七大工艺加工茶，高温杀青、发酵、烘焙去除苦涩的同时，也对茶的内含物质造成了伤害，损失了茶的功效和活力。茶终究是入口的，不难喝、好喝也是人的重要诉求。有为也即伤，因茶苦涩而加工，是被迫，是无奈。

为了让人能充分享受茶的健康功能，用尽量少的加工，尽量多地保有茶的功效，是我们对加工的诉求。在不难喝、好喝与损害之间寻求最佳平衡点。

加工即“人为”，人为者，伪也！“人为”两个字合起来就是“伪”字，人为即是一种作伪的行为。

作伪的目的是掩饰毛病，隐藏缺点。这就像有些人觉得自己不够完美而去整容一样，虽然弥补了缺憾，但也伤害了皮肤筋骨，丢失了自然本真。天上下凡的仙女天生丽质，怎么会去整容呢？甚至都不需要化妆。

伪是什么？《文子·上礼》中写道："离道以为伪，险德以为行，智巧萌生，狙学以拟圣，华诬以胁众"。作伪是与自然道法背道而驰，是危险的失德的行为。起投机取巧之心，编造故事、矫饰一套理论，借此神化自己，最终达到以欺骗裹挟别人的目的。

茶为什么要加工我们已经知晓了，加工的性质也清楚了。在茶行里，仍然流行给加工穿上华丽的衣裳，编造神秘的故事。什么某某工艺传承了多少年、多少代人，得了什么人的真传，只有一两个人会制作，有多么神奇，被什么名人所爱等，不一而足。这是典型的"狙学以拟圣，华诬以胁众"。

《易经》语："易简而天下知理得矣。"说的是，只有做到最易而至简，才是最接近真理的自然之道。茶的加工亦然，以用最少的加工让茶好喝，最大限度地保有茶的天然功效为准绳，返璞归真，大治不割，道之所载也。中国文化的伟大，是告诉我们，天地万物都有必须遵守的规则。

大道必至简，茶的加工，以简者为上。

小结：茶为什么要加工？为了去除以苦涩为主的不良口感，以损害茶的内含物质，减少功效和活力为代价，让茶尽量好喝、好看。加工的价值取向是简者为上。什么是恰当的加工？用最少的工艺去除茶的不良口感。

人行旁自反蠢又【易·泰卦】拔茅連茹【王註】根相牽引貌【程傳】根之相

皿【孟子】飯糗茹草【莊子·人間世】不飲酒不茹葷者數月矣　又合

不茹園葵　又吸也【爾雅·釋詁】啜茹也　又貪也恣也【揚子·方言】

又【說文】茹飯牛也【廣韻】飯馬也　又度也【詩·邶風】不可以茹

搒渫分注茹菜熯也　又臭敗也【呂氏春秋】以茹魚驅蠅蠅愈至

菜茹【前漢·食貨志】菜茹有畦【晉書·地理志】環鑪穆桑柘柔茹

也　又木名【水經注】濟水又東茹水注之　又地名【前漢·地理志】

及茹陂以溉稻田　又姓【晉書·五行志】茹千秋爲驃騎咨議【通志】

學皆于字義無係如易之連茹王肅音如易說讀詩之匪茹

音如噬茹篇茹字音從及爾雅疏皆音如茹毛茹草茹藘茹字音

通以漢茹不茹茹毛義例于如音以來茹形茹等茹列于露音

𦬔【唐韻】居虯切【集韻】居尤切𠀤音樛【說文】草之相糾繚也　又【字彙】古肴切同艸

茻【集韻】文紡切音……凡茻之屬皆从

刖作鞯訓逐兒艸中也非艸艸之義　又【廣韻】模朗切音莽

川叢生　又滿補切音姥　莫後切音藪義於同【玉篇】作卉

[illegible]

苘

第四章

味道

好茶是天生的，非人所能为。

茶之味

食不厌其精，饮需有上味。

茶终究是入口的，味道是茶品质的一个重要指标。

茶终究就是入口的，味道是评价茶的重要标准。但是，好茶一定是好喝的，而好喝的却未必是好茶。好喝是好茶的必要条件，不是充分条件，所以不能唯味道论。喝茶的人非常注重茶的香气与口感味道，往往在评判茶的好坏时占据主导地位。一些茶的命运就这样被味觉感受决定了，这也把很多爱茶的人引向了歧途。

真正好的茶首先要原料好，经过恰当的加工，才有好的味道。一部分人认为自己喜欢喝的就是好茶，如果这个茶功效弱，不平衡，农残多，不干净，长期喝这样的茶是对自己的健康不负责任。

茶的味道，主要来自土壤中的营养成分，在光合作用下，叶片合成复杂的内含物质。内含物质的各项成分的含量以及之间的比例关系，具有功效和活力的强弱，与生态环境直接相关。好的生态才能长出好的原料，才可能制出好茶。在基础品质好的茶里，去找自己喜欢的味道才是安全健康的。茶者，长于天地间，吸纳山川云雾之灵气。《淮南子·氾轮训》中写道：“天地之气，莫大于和。和者，阴阳调，日夜分而生物。春分而生，秋分而成。生之与成，必得和之精。”

在中国的味觉体验里，蕴含着中国人的审美，涉及对世界的认识和态度。比如一个“鲜”字，两千多年前我们就对鲜有了深刻的认知，认为这是大自然里天然生成的对人来说最为美妙的味道。英法德等外文里，从来就没有相似的词。他们认为鲜是中国人主观臆造的，直到近代人们发现了谷氨酸的存在，才不得不承认食物里鲜的存在，才有了后来的味精、鸡精等产品。所以有人说中国的饮食领先欧洲两千年，中餐火爆全球不能不说跟中国人早早地知道鲜有关，因为对鲜的理解和追求，要比香甜又高出一个层面，做出来的中餐自然是出众的。而鲜是大自然赐予的上上味，它的存在不是人造出来的。

鲜是中国人对食物的审美取向，从广义讲，存在于各种食材之中。但凡天生就合人口味又益于人身体的需求，无须人为刻意地加工，天然具有自身独特本味的食材为鲜。食材经过加工就会失鲜，加工越多越重离鲜就越远。所以这个鲜还有一个特点，就是越接近本色就越接近本来的鲜，所以古人就有“大味至淡”的说法，这个淡指的不是咸淡的淡，而是指最接近本色本味，本色本味为大味，即为返璞归真。“道之出口，淡乎其无味，视之不足见，听之不足闻，用之不足既。”老子在《道德经》中已经告诉我们，大道理说出来往往是平淡无奇的，但它无处不在，又必须遵守。苏东坡在《浣溪沙·细雨斜风作晓寒》中写道：“雪沫乳花浮午盏，蓼茸蒿笋试春盘。人间有味是清欢。”陆游在《饭罢戏示邻曲》中则赞美山野间自然生长的笋与蕨菜的鲜美：“箭茁脆甘欺雪菌，蕨芽珍嫩压春蔬”。元代的诗人马钰则在《西江月·赴胡公斋》中描述了本味之美：“我会调和美鳝。自然入口甘甜。不须酱醋与椒盐。一遍香如一遍。”这些都是对食材的天然美味的赞赏。

千百年来，人们通过改造自然来满足自身的需要。在此过程中，对于各种经验进行了归纳总结，其中就包括人类的感官诉求。明代宋应星在《天工开物》中这样描述：“气至于芳，色至于艶，味至于甘，人之大欲存焉。”说最宜人的气味是芳，不是香，香久闻而不知其味，而芳能持续沁人心脾，让人心旷神怡。最靓的颜色是大自然里野生的红花绿草的鲜艳，不是过年时张灯结彩的大红大绿，更不是衰败腐朽之色。最佳的味道是甘，而不是甜。甜会腻人，不宜长时间饮用。甘是甜的上味，可持续能回味，是具有大自然灵魂的味道，给人以身心愉悦的美好体验。所以喝茶讲究的是回甘，而不是回甜。

除了香气口感，关于好茶的评定，其中还有一项是它的活性。清代的文学家、政治家梁章钜曾在《归田琐记》中记下与僧人静参谈论茶的品次："至茶品之四等，一曰香，花香，小种之类皆有之。今之品茶者，以此为无上妙谛矣。不知等而上之，则曰清，香而不清，犹凡品也。再等而上之，则曰甘，清而不甘，则苦茗也。再等而上之，则曰活，甘而不活，亦不过好茶而已。活之一字，须从舌本辨之，微乎微矣，然亦必瀹以山中之水，方能悟此消息。"香、清、甘、活，准确描述了茶的味道，像香、清、甘还比较容易理解，活就有些难以把握。以我喝过的茶举例，有的茶虽然很香，但苦涩感很难在嘴巴里化开，相反，有些茶虽然也有苦涩，但很容易就转化为绵长的回甘，这就是活与不活的区别。更高层次的活，无须加工而天生适口，能真切地感受到森林的味道，大自然的气息，活到了人与自然相融合的境界。

石鼓文鲜字

从分子层面看，小分子和单分子含量高，茶就更活。大分子或分子团占主导的茶，活性就相对低一些。加工是对茶内含物质的损害，功效和活力的丧失。故本味天然鲜活怡人为上品，需要加工方适口者次之，重加工本味尽失者再次之。

茶中鲜，是发源地野生大树茶里天生好喝的茶本味，是茶至淡鲜活的大味。芳、艶、甘，带着大自然的芳香，天然的颜色，汤色晶莹剔透，味道甘甜而鲜爽，是深林的味道，大自然的味道，茶本来的味道，鲜爽而灵动；是生命的味道，幸福的味道。

《文子》中写道："天地之道，无为而备，无求而得，是以，知其无为而得益也。"说的是真正好的是天然具备的，不是人为而来的。

公道杯漂亮的茶汤

喝茶就像登山开眼界，眼界上去了就下不来了，喝了好茶，差茶就喝不了。曾经沧海难为水，除却巫山不是云。喝茶口感的好恶，是身体的直接反应，身体和嘴巴是最诚实的。喝了好茶，身体很舒服，嘴巴有愉悦感。再去喝品质低的茶，嘴的抗拒是人身体本能的反应。这叫有傻人，没有傻嘴巴。

老子《道德经》语：“为无为，事无事，味无味。”以无为的态度而有所作为，看起来没做什么事，一切事情无形中都做好了。世界上真正好的味道，是没有人为味道的味道。是本味、真味、大味，一切味道包含其中。真英雄能本色是也。

怎么找到一杯好茶？

学以致用。

一个道理，能够简单有效地运用，才是有用的。

古往今来，亿万茶士都在寻找一杯好茶。只是，至今什么是好茶这个事仍是自说自话，而这是一个茶的核心问题。好茶的概念如不明确，一系列的问题都可能产生错误，又怎么能找到一杯真正的好茶呢？

“味浓香永。醉乡路，成佳境。恰如灯下，故人万里，归来对影。口不能言，心下快活自省。”黄庭坚在《品令·咏茶》中认为一杯好茶，带给人身心的愉悦是不可言表的。

好茶＝好的原料＋恰当的加工

找好茶要从原料、加工、味道这三个方面去找。原料里蕴含的是功效，加工的目的是味道。

茶好首先原料要好，茶之所以成为第一健康饮品，是因为茶的功效，茶的功效蕴藏在原料里，这是茶的根本所在。好茶是以原料好为前提的，这是先决的必要条件。加工是因为茶有苦涩不好喝而产生的被迫行为，只是让茶不难喝、尽量好喝的辅助性工作。加工不但不能提升茶的基础品质，反而是以损害茶的内含物质，弱化茶的功效和活力为代价的。以最少的加工来让茶好喝，是恰当的加工。这就是原料与加工两者之间的关系。

那么要找好茶，是注重原料的品质，还是追逐加工，或听故事呢？

茶好必须原料好，才可能制出好茶。先看看怎么判断茶原料品质的好坏优劣。根据前文，我们可以归纳出这样一个逻辑关系：

茶好，必须茶原料好，生长的生态环境必须好；

生态环境好海拔一定高；

海拔高的地方茶树一定高大；

茶树高大的树龄一定长；

树高大、树龄长的茶内含物质就多；

茶的功效和活力就强。

以上六项为正比联动关系，一高俱高，一低俱低。当你面对某一款或多款茶的时候，如何判断其原料的优劣呢？最容易获得的信息是该款茶的大致海拔高度，然后根据上述的六个逻辑关系推导，也就知道了其原料的优劣了。简单一句话就是，“茶好不好，看海拔”。一般来说，好茶必出自海拔高度一千米以上。茶树越高叶子越大树龄越长，功效就越强。这是大自然的规律使然，“道法自然”不是一句虚言，不断进步的科学研究成果是自然道法的科学注解，最终必然殊途同归。

高海拔茶树图

注重了茶原料功效强弱之外，还需要注意另一个问题，那就是功效是否平衡。喝茶的时候有的人会出现昏、醉、寡、寒、心慌、失眠等现象，我们统称为茶的副作用。这是茶里的内含物质不平衡，个体的体质对某些物质敏感、不适应而造成的。什么内含物质的含量过高或过低，对人起的什么样的不适反应，在科技的推进和深入之中，未来会越来越清楚，在此不做妄语。因为如同中医能治病一样，并不是一定要在科学上说明白才能找到解决办法的。我们的身体反应是最诚实的，一款茶喝上一段时间，认真体会自己身体的反应，只要感觉良好，那就是适合你的。一是这款茶是平衡的，或者即使有不平衡，对你的个体也是适合的。

加工是在干什么？什么是恰当的加工？用最少的加工让茶好喝是也。

因为茶有众多益于健康的功效而喝茶，茶里有苦涩要用加工来解决。加工不能提高茶的功效和活力，反而是损害。茶终究是入口的东西，味道好不好也是一个重要的考量点。

加工只解决口感这一个指标，也是必须要解决的，但再好的加工也完全不等同于好茶。

有的饲养场的鸡，每只都被关在狭小的笼子里，它们甚至只能趴着不能站起来，更不让运动产生消耗，抬头喝水，低头吃增重饲料，40天就能长到三四斤。这种鸡的味道是可想而知的，只能裹上面，加上重重的作料，高温油炸着吃。虽然加工的顺序、放什么作料、用什么油、用多高的油温、炸多长时间等加工方法，都非常讲究，可是能吃到鸡肉的味道吗？吃到的就是作料和油炸的味道，因为也香呀，也有很多很多的人喜欢。山上树林里放养的鸡，吃的是虫子和粮食，天天奔来跑去，抓上一只，一盆清水几片姜，煮好了放点盐，美味天成。《南华经》言：“万物虽多，其治一也。”

明白了茶原料与加工及口感的关系，选茶就容易多了：

劣质原料，即使是大师做，至多是好喝的烂茶；

优质原料，加工方法不当是暴殄天物；

优质原料，高手以恰当方式制作，做出来的是好茶；

顶级的原料，极简加工，此乃天赐的好茶！

加工少对茶的功效损害就少，在相同或不相同的原料里，要选加工少的茶喝。也可以反过来说，萝卜白菜各有所爱，你总会有自己喜欢的味道，在你觉得好喝的茶里，去找原料好的喝。

总结一下，怎么找到好茶：

1.要选功效强的：海拔越高，树越大，树龄越长的茶越好；

2.要选平衡的：喝上十天认真体会，感觉身体良好者佳；

3.要选加工少的：同原料不同加工的茶，选加工少的；

4.要选味道甘醇的：在满足了上述条件后，选你喜欢的味道。

按照这四个步骤，你会顺利地找到一杯适合你的好茶的。

此外，再给大家介绍一个简便易行又行之有效的方法。我身边有很多喝茶的朋友，在一起喝茶的时候，往往会一次喝几种茶，大家就惊奇地发现，两种不同的茶，同时泡好，轮流来喝，三五个来回后，其中一个会出现之前没有的苦涩味，而另一个味道则不变。如此反复实验，发现任何两个茶放在一起喝，都会有一个变，一个不变，而变的那个会暴露出茶的缺点，非苦即涩，或寡或变得不好喝。注意，不是泡好一款茶喝完，再泡下一款茶喝，这样是起不到对比作用的。一定是两款茶同时泡好，小口轮流喝。在拓展实验后发现，这个方法可以在任何茶之间对比，不同茶类，新茶老茶，小芽大叶，等等，皆可一试高下。想想也是，俗话说“不怕不识货，就怕货比货”，都是茶，就应该有一杆能称所有茶的秤，何必画地为牢呢？

这是为什么？这种情况是什么原理呢？一次去长沙拜访刘仲华教授时，我跟他说了这个现象，并向他请教原委。刘教授说每种茶因品种不同，内含的分子状态也不同。茶的品种辈分越高，基因越原始，变异越小排列越整齐，简单分子含量越高，加工被破坏得越少的茶，活性就越高，穿透力更强。对比喝的时候，活性高的茶能让活性低的茶起还原反应，还原出弱茶没有加工时的苦涩。这不就是茶的强弱好坏之分吗？！

之后用各种茶一一对比做实验，最后发现，茶树越高大树龄越长，加工越少的茶，胜出的越多。野生大树茶基本上都胜出，临沧原始森林里的野生大树茶，内含物质都是单分子，有极强的活性和穿透力，尤其是没加工的，成了一个超级“还原剂”。怪不得近几年流行喝大树古树茶，人身体的反应是诚实的，与茶的优劣好坏的基本原理是一致的。道法自然尔。

你不妨用这个一对一的斗茶方法，给家里的几款茶进行一次排位。买茶的时候，带上一个你认为的好茶，去比较一下再买，减少遗憾少走弯路。

最近流行的顺口溜：

喝茶的人，

越喝海拔越高，

越喝茶树越高大，

越喝加工越少，

越喝越接近自然。

道法自然，茶不例外。

好茶是天生的，非人所能为。

当然，茶不仅有其物质属性，还有精神属性。物化人文，人文化物，茶里已经融入了大量的文化内涵，茶的品位也反映了人的价值观和品位。茶是与人最亲近的大自然，返璞归真、清新淡雅的天然本味，能更好地感受到天人合一。

第五章 破局

中国茶有品类，没知名品牌。

中国茶滞销日趋严重，行业调整升级势在必行。中国茶在国际高端市场占比仅3%。

茶学框架体系的构建

若统绪失宗，辞味必乱；

义脉不流，则偏枯文体。

——《文心雕龙》

逻辑未通，体系不成，框架不立。

在我初入茶行，开始学习茶的各方面知识时，发现很多问题找不到其内在的逻辑关系，甚至找不到明确的答案。要把一些问题联系起来的时候，就会遇到难以克服的困难，关联性建立不起来。感觉茶各方面的知识，就像是一些零散堆放的建筑材料，各种材料的成因，用途、用法、目的，相互之间的关系，在建筑整体结构上的作用等，理不出头绪，看不到整体的轮廓。那么，也就是说茶学还没有构成一个完整的体系。

比如说，茶的发源地在哪里？没有找到茶的发源地，就不可能知道茶在自然和人为迁徙的起点在哪里，就不知道茶什么时候迁到了哪里，线路和过程无从说起。我们对事物的研究，都是绕不开对其源头和发展过程的了解和掌握的。认祖归宗，才能正本清源。如果茶的源流尚不清楚，个人认为，要把茶真正说明白，是件不太可能的事情。又如茶树的品种如此繁多，是怎么形成的呢？不同品种之间是什么关系呢？这些问题在教科书中没有相关的介绍。然而，这些问题对要深入地认识茶来讲，是个必须弄明白的事情。只限于对一些个体品种进行解剖分析，即使分析了几千个品种，得到的也只是各个品种独立存在的数据，相互对比的区别和特点。这依然是一堆独立的、片面的、相互不联系的数据，并没有解决不同品种形成的原

30米大茶树与3厘米小茶树对比图

理，相互之间的关系等根本性问题，这势必造成对茶的认知是知其然而不知其所以然，如同雾里看花一般。

茶树的品种与功效的强弱是什么关系？如何判断茶原料的品质等级？这些问题都必须要明确，否则我可不敢说我懂茶。

茶为什么要加工？茶一定要加工吗？加工的得失是什么？加工能提高品质吗？如此等等，现在茶学是有肉没骨架、逻辑不清、系统未成的状态吗？既然没有现成的教材资料可循，我们就只能一个问题一个问题地去探究出来，只有把这些茶的“悬案”一一解开，梳理出各自的成因原理，并努力为它们之间建立起逻辑关系，形成一个相互关系明确的生态链，才有条件为茶学构建起一个有机的框架体系。

十三年来在这个想法的驱动下，学习的成果前文有详细介绍，在此做一个总结：

1. 首先要确立好茶的正确概念，正确的概念只有一个，而且必须是简洁的。

好茶＝好的原料＋恰当的加工

认为不同的人对好茶的概念是不同的，那就如同瞎子摸象一样，概念一定是局部片面的。对茶的所有研究，最终要落到什么是好茶这个问题上才是有意义的。建立起了好茶的正确概念，就有了认识茶的基本出发点，为向各方面的延伸研究，明确了方向、路径、目标和考量的标准，为茶学建立了核心概念。

2.勘证茶发源地在哪里，溯源定本。

明确了发源地，为研究茶找到的是一个最佳视角，知道了茶初始原本的样子。茶树的高矮、树龄，最佳生态环境的状况，检测出的各种内含物质的含量、分子基因状态、活力功效等一系列数据，无疑是茶最为重要的标杆性数据，是所有产地、所有品种的茶，参照对比的一面镜子。

认祖归宗，才能正本清源。茶从发源地经过自然和人为迁徙到了五湖四海，从源头起始，依着迁徙的路线，可以画出一张茶的家族谱。经过系列组合的数据对比，可以得到每一种茶是谁的准确定位。还通过对各产地的茶做基

野生茶分布　　万物有成理，物之所成，道之所生。——《道德经》

野生种最多的地方就是发源地。28个野生茶种中，临沧有23个种。野生茶品种最多、树龄最大、密度最高。临沧是最具茶发源地特征的地方。

茶的发源地概览

因检测，排序后可以画出一张根在发源地，枝蔓在70多个国家的基因大树。茶的迁徙路线图、家族谱，与基因树是重叠的。从茶的原点来审视茶发展衍化的脉络，能看清生态环境衰减的变化规律，茶树品种从大到小的演化规律，茶原料的功效活力及品质由强到弱的变化趋势等，茶的世界必然会清晰起来。这对茶学体系的构建来说，是一个必不可少的要件，其意义是不言而喻的。为茶学框架提供了一个最基础的支点。

只有站在茶的发源地，才能尽览天下茶演绎。

3. 梳理出人类发现茶功效的历史发展过程。

人类在什么时候、在哪里发现了茶？因为发现了茶的什么功效而为人所用？

人类认识茶的功效是一个循序渐进的漫长过程，直到今天，茶新功效的发现仍在给我们惊喜。不同时期，人对茶功效的认识是不同的，因此茶的用途就不同，对茶的使用方法也会不同。对茶的定性不同，加工的目的就不同，所产生的加工工艺自然不同，与人关系的密切度和用量也不同。可见，对茶功效的认定，是茶学逻辑系统的始发点之一，是一系列问题因果关系的源头。源不清，流自不明，必然会产生出各种混乱乃至错误的概念和说法。

唐朝前，茶为清热解毒、提神醒脑的药，是药方中的一味，人生病时才服用。作为药，为了运输和储存的方便，产生了紧压茶工艺。人对茶的需求只是在药的层面上，需求量相对偏小。

唐朝后，茶为保健饮品，人们开始日常饮用。人们不喜欢茶里的苦涩味，产生了以去除苦涩为目的的七大加工工艺。因为茶对人身体健康有极大的好处，需求量大增。

通过梳理人类发现茶功效的历史，可以明确唐代是茶最重大的转折点。把茶作为茶的一系列的因果逻辑关系明确了，成为茶学框架体系的一个重要组成部分。

4.勘察茶传播迁徙的线路和抵达的区域。

茶因良好的功效被人们所需要，成为商品而传播，为了更多的人更方便喝到茶而移植迁徙。茶作为商品的传播几乎覆盖了全世界，而茶的移植只能在茶能存活的生态条件范围内进行。虽然随着茶的适应能力的增强，迁徙的范围在扩大，但这是一个极其缓慢的过程。就中国而言，茶是人们从云南澜沧江中下游的发源地，用了几千年迁徙到了东南沿海。当一种茶，不知道自己是什么时候从哪里迁来的，它就不知道自己父母是谁，不知道自己姓什么，自己为什么长成这个样子，而且也不明白为什么只能长成这个样子，自己在家族体系里所处的位置也不清楚，那么它能说清楚自己是谁吗？只知道各个茶产区茶生长的样子，不知道这个样子是怎么来的，即属于知其然，而不其所以然。

找到了茶的源头，也要勘察清楚茶的移植迁徙的过程，就是茶的流，是茶发展的基本脉络。离开了这个脉络研究茶，就会找不到落脚点而自说自话。茶迁徙的脉络是对茶研究的一个重要基础，是茶学框架体系的一个重要支柱。

5.创立九大生态要素，对茶原料品质的评价方法。

茶现有二百余项标准，却无法对茶品质的优劣进行对比评价，不能像绝大多数产品一样，按综合品质排出序位，这显然是茶标准有所缺失造成的，更是茶学体系最重要的欠缺。在茶的众多标准中，缺少的是对茶原料的评测标准，而这是对茶进行评价的基础。

根据茶原料的品质与生长地生态环境状态呈正比对应关系的原理，建立了通过生态环境的评价来得出茶原料品质水平的结果的方法。具体做法是提取出影响茶原料品质的九大生态要素，把每个要素进行量化，要素间按影响力做权重调节。每个要素的得分乘以权重系数后，九个要素得分之和就是该茶原料品质的得分。这个方法可以对所有茶的原料进行评价。

这补上了现有茶标准中关键性的缺位，解决了茶原料的品质无法评价的历史难题。与茶的技术标准和品鉴学标准结合，就能建立起茶综合评价的标准体系。对茶学的发展必将产生重大的影响和深远的意义，也是构建茶学框架体系的一个核心组成部分。

6.论证茶树品种的演化规律。

了解掌握了茶迁徙的线路，知晓了生态环境对茶树生长的影响，就可以沿着茶树移植迁徙的路径，对生态环境的变化与茶树的大小、树龄的长短进行考察。结果非常清晰明了，海拔越高，适于茶的生态环境越好，茶树就越高大，树龄就越长。海拔是一个代表性的要素。经过实地考察，发现茶最高的生长海拔为2800米，野生茶只生长在1750~2800米的区域内。

当我们把茶发源地从最高2800米到东南沿海0米海拔拉上一条斜线，把不同海拔生长的茶树放在对应的海拔上，可以看到海拔与茶树大小、品种是相对应的，树龄当然也是对应的。茶树越高大树龄越长，根就扎得越深，汲取的营养就越多，内含物质当然就更丰富、活力更强。这就是茶树不同品种的形成，与生态、海拔、茶原料品质等方面联系起来的逻辑关系，为茶学提供了一组重要的子框架，完善了茶学的体系。

7.推证茶为什么要加工。

唐朝前，茶为药，生病时与其他药一起煎服，为了储存运输方便，产生了紧压茶工艺。

茶树海拔剖面图

唐朝后，茶为饮，日常饮用，茶里的苦涩人们不喜欢，为了去除苦涩，产生了七大工艺。

唐朝前后对茶功效的认识不同，对茶的使用方法就不同，对茶进行加工的目的也就不同，所产生的工艺自然也是不同的，这就是茶加工产生的逻辑。我们主要讨论的是唐代之后茶为什么要加工，所以要从挖掘人发现茶功效的历史过程开始，找到“茶唐前为药，唐后为饮”的历史转折点。茶兴于唐朝，日常饮用恶于苦涩而加工。而加工的同时也在对茶造成伤害，所以加工简者为上。

如此，茶的加工的目的、方法、评价标准就明确了，为茶学框架体系的加工部分提供了逻辑基础和依据。

8.六大茶类产生的缘由。

茶因苦涩而加工，苦涩度不同，加工所用的工艺就不同，制出茶的颜色当然也不同。

茶原料的苦涩度越高，所用的加工工艺就越多越重，制出的茶颜色就越深。茶因苦涩度的渐高，依次制出了白、绿、黄、青、红、黑，颜色由浅到深的六大茶类。

苦涩、加工、颜色三者之间逻辑关系的确立，对茶从原料的状况到为什么加工，到茶的五颜六色，是不是一目了然了，这是对茶学一个有效的补缺。

从以上八个方面，茶的起源、茶的迁徙、生态环境、茶树状态、茶的功效、茶的品质、评价方法、茶的加工，理通逻辑，明确概念，建立联系，构建框架，努力达成内在相互关联的生态，让茶学形成一个有机的整体框架体系。在这个框架体系里，让各种茶的问题，能快速找到其相应的位置、趋势和答案，为茶学各方面的研究指出了方向、路径和目标。对有意学茶的人能循理而行，为茶的生产者提高产品质量指出了努力方向，为喝茶的人能明明白白地喝茶提供了依据。这个愿望如果能够实现，哪怕是部分实现，我将倍感欣慰。

好茶＝

好的茶原料 ＋ 恰当的加工

好的茶原料	恰当的加工
茶好必须原料好，好的原料出自好的生态环境。茶原料的品质与所生长的生态环境是对应关系。	加工是为了去除茶里的苦涩，让茶不难喝，尽量好喝。但加工的同时，也对茶造成伤害，功效和活性相应下降。
原料品质可以用九个生态要素评价法进行准确的评价。	恰当的加工是用尽量少的加工让茶不难喝，好喝。再尽量规整，颜色好看。
茶品种形成的规律：海拔越高，生态越好，茶树越高大，树龄越长，茶原料功效越强。	茶青越苦涩，加工工艺用得越多越重，茶的颜色越深。依加工工艺的多少轻重形成六大茶类。
品质、生态、海拔、树高、功效呈正比关系。	大道至简，茶的加工，以简者为上。
顶级的茶原料生长在茶的发源地。	最好的茶无须加工，天生好喝。

建立茶综合评价标准体系

标准是话语权。

标准是社会发展文明程度的重要指标，是大数据时代的要求。

2023年提交十四届
全国人民代表大会的建议

关于建立茶叶综合评价标准的
破解我国茶产业高质量发展难题

一、中国茶产业发展的痼疾

（一）中国茶有品类，无知名品牌

截至“十三五”末，我国茶叶类登记注册商标总数超过 68 万件，但十大名茶及各茶类中，没有名烟“中华”、名酒“茅台”这样的知名品牌。在碧螺春、龙井、铁观音、大红袍、普洱等茶里，不知道哪个是知名品牌，传统的十大名茶，只是品类而非品牌。有品有牌叫品牌，无品有牌是忽悠。品牌的根本是品质，过去品质靠时间来证明，比如同仁堂、六必居等等。进入现代社会，品质的优劣是靠标准来评价的。一个行业的标准越完善，更新及时，这个行业的发展就越健康，才有做大做强的可能。

茶行业现有的标准不可谓不多，但其中有关键部分的缺失，无法对一款茶的品质准确衡量定位，对不同的茶就无法进行对比评价，分不出品质的高低优劣，也就不能为茶按品质高低提供定价的依据。于是大量化肥农药催生的低品质、低成本茶，带着编造的故事，贴着牵强附会的文化标签，用各种营销手段满天飞。而优质的生态茶，无农残的茶，因产量小、维护成本高而步履维艰，难以涵养出真正高品质的知名品牌，更难做大做强。标准没起到对比评价的关键性作用，导致茶市场就混乱。生产者追求产量而不注重品质，消费者更是雾里看花。

（二）土地资源浪费日趋严重，产业调整升级无依据没方向

中国茶叶滞销状况日趋严重，产品供求结构性失衡日益凸显。2019年滞销 40 万吨，2020 年滞销量达 43.56 万吨。以亩产 200 斤计算，2020年浪费土地资源达到435.6万亩。与此相悖的是，由于我国茶叶综合评价标准缺失，不能根据茶产区茶叶品质的优劣进行调整升级。每

年茶叶种植面积仍然在扩大，产量的增长率大于消费加出口的增长率，造成越来越严重的资源浪费。减少低质茶的种植，需要有可操作的评价标准作为依据才能实施。茶产业要调整升级，也需要有综合评价标准来指明方向，完善标准是关键，势在必行。

（三）中国茶叶在国际市场上地位尴尬

中国虽然是茶叶第二大出口国，但出口的主要是量大价低的低端绿茶。出口地是俄罗斯独联体国和非洲茶集散地摩洛哥，原因是这些地方对农残多少不在意，要的就是便宜。由于茶叶质量缺乏评判依据，从业者重量不重质，不顾生态，大量使用化肥、除草剂、抗病剂、杀虫剂，中国茶在国际上成了农残茶的代名词。欧美以食品安全为主要考量点的茶叶标准，把我国大部分茶叶挡在了门外。2019年，中国拥有超过6万家茶叶企业，茶叶出口销售总额142.8亿元，还没有英国“立顿”一家销售额多，此现象目前还未持续。在欧美高端茶叶市场，中国茶的占比是可怜的 3%，这与中国茶应有的地位相去甚远。问题是明确的，该怎么解决呢?

是中国茶品质不好吗？是欧美的茶标准太高吗？显然

不是。是因为我国标准不完善，起不到维护鼓励优质茶发展的作用，急功近利地让低品质茶充斥市场，严重内卷，与国家可持续生态发展的根本精神背道而驰。

茶的问题虽然很多，但追根溯源会发现，各种问题的指向聚焦在茶标准体系不健全上。标准体系有缺位，使茶品质的衡量，交易的定价，产业调整升级等等问题，都没有可靠的依据。拿着一些不同的茶，偌大的中国，找不到一个有公信力的权威机构，按品质分出高下排出序位。造成从生产到消费的混乱，严重制约茶产业的健康发展。

二、我国现有茶标准

标准是国家发展文明程度的重要标志，是国家治理体系和治理能力现代化的基础性制度，是把握市场的控制权的法则。标准是衡量和评定产品质量的依据，制定标准的实质是制定竞争规则，标准随社会的进步与时俱进补充更新，以符合时代的要求。一个行业的标准不完善或跟进更新不及时，必将导致该行业混乱。中国茶行业的标准，正处在需要补充完善更新的时期。标准越完善，更新越及时，该行业的发展就越规范、越健康。

我国目前的茶叶标准有三类：

一是技术检测类标准。通过检测农残和重金属含量，对人是否安全。检测茶内含物质的种类和含量，各内含物质的比例，以此分析某一款茶功效的特点。但此类标准虽然有一百多项，却难于对不同的茶进行全面比较，无法做出优劣对比的综合性结论。

二是审评学标准。通过看、闻、品等感官感受，分析茶的形、色、气、韵等方面的表现，来判断茶的优劣。审评学标准的问题是，只能在同一类茶之内进行比较分级。对不同茶区的茶，不同类的茶之间，无法做出横向比较，是个有局限性的标准。

三是各茶类的标准。是根据各类茶的特点，做了更详细的规范。另外是关于种植、采摘，加工的技术规程，这两类标准对茶叶质量好坏，没有对比评价的功能。

以上三类标准，是无数前辈茶业工作者长期努力的结果，已经为茶建立了二百多项标准，取得了丰硕的成果。随着社会的快速进步，现有标准已经满足不了茶行的发展要求，已经到了需要补充增加调整的时候了。要解决的不是现有茶标准有多少的问题，而是现有标准无解决茶对比评价的问题，这是茶标准在新时期要解决的核心问题。

白酒的品质按标准分成了茅台、五粮液等13个金奖的国家名酒，而且进行了排名。另外有白沙溪、孔府家酒、四特、宁城老窖等为地方名酒，其余的属于普通白酒。白酒因为有标准体系，而可以对不同香型的所有白酒进行品质比较。有比较才有鉴别，能鉴别是因为有标准体系，所以没有普通白酒靠编个故事，做个精美豪华包装，制造炒作穴头，以次充好等手段就能卖出高价和大量的。即使花大笔费用做广告，也只能是昙花一现。造假那是另外一回事了。白酒行业能稳定健康发展，得益于标准体系能就品质进行对比评价，名酒真正的高品质由标准来背书，标准有足够的公信力，企业就能做大做强。地方名酒和普通白酒，以恰当和相对低的价格普惠广大人民。酒可以做到的，有几千年历史的茶也应该可以做到。

中国茶要跟上时代的步伐，标准体系就要做到能把不同产区产地，不同加工工艺的各类茶，都能放在一杆秤上做对比评价，按综合品质分出高低优劣，分开等级，最优质的茶排出名次。怎么才能达到这个要求呢？究其原因，在现有的茶标准里，缺位了一个茶原料品质的评价标准，致使茶品质的综合评价体系无法达成。好茶等于好的原料加恰当的加工，茶原料是茶品质根本性的前提条件，在茶品质的权重中占绝对的主导地位。如果茶原料的品质无法比较评价，那么茶品质的评价就没有了基础。品鉴学的方法仅仅是感观评价，而且不能跨茶类，也不能对茶的功效活力强弱等进行评价。所以必须要找到茶原料的评价办法，与其他标准相结合，才能构建出茶的综合评价标准体系。

三、建立茶原料的生态评价标准，构建茶综合评价标准体系

大数据时代的来临，就是把大量的相关资料进行撷取、管理、处理，并整理出准确反映真实情况的资讯，起到对行业把握和决策的目的。茶行业亦应使用大数据的方法，建立茶标准的进步和完善，起到推动行业升级发展的目标。

（一）茶原料的生态评价标准的构建

生态环境好，茶原料的品质就好，它们之间呈绝对的正比关系，道法自然，这是天理。茶原料的评价有困难，

但可以对茶生长地的生态环境进行评价。如果用生态要素量化成打分的方式来评价，那么生态环境的得分就等于该生长地茶原料品质的得分。

这个过程分成三步：

1.提取生态环境要素

影响茶原料品质的生态因素很多，归纳出九大生态要素：生态链的完整程度、海拔、土壤、温度、温差、云雾、湿度、阳光、空气纯净度。这九个生态要素可以反映生态环境状况。

2.分别量化各生态环境要素

把九个生态要素分别进行量化，比如海拔越高茶叶原料越好是不争的事实，古时就有高山云雾出好茶的说法。茶能生存的最低和最高的海拔为0～2800米，把2800米分成十档，一档280米为10分，茶所生长的海拔高度就有了一个相应的得分。其他生态要素多少会麻烦一点，但都是可以进行量化的。

3.对各生态要素对茶品的影响力做权重

由于九个生态要素对茶原料品质的影响程度不同，需要对每个要素乘一个系数做权重处理。比如生态链的完整

茶的生态得分
直接反应茶的品质60%

*生态要素对茶品质起决定性作用，茶品质占60%
*九个生态要素得分权重之和就是茶的生态得分

生态链完整度　18%

全、半、多、混、单生态环境分五级，一级2分满分10分

海拔　16%

每280米一级，海拔0~2800米分十级，一级2分满分20分

土壤状况　16%

有机肥、矿物质含量、化肥用量分六级，一级2分满分12分

年温度状况　10%

0摄氏度以下多少度和天数，30摄氏度以上多少度和天数减分，15~25摄氏度范围内天数加分，分成六级。一级2分满分12分

年、日温差　9%

一年日平衡温差1摄氏度一级，分六级，一级2分满分12分

阳光照度　9%

遮避30%~40%为满分，曝晒全阴为0分，分六级，一级2分满分12分

年湿度状况　8%

全年适合的湿度天数，旱、涝的程度和天数分级，分六级，一级2分满分12分

年云雾天数　8%

云雾的天数每十天分一级，分六级，一级2分满分12分

空气质量　6%

按气象学指标分六级，一级2分，满分12分

生态要素对茶品质的影响

程度，土壤有机肥矿物质的丰富度，海拔影响程度大，空气纯净度影响程度偏小。权重调整后的总分不变，九个要素分数之和，就是生态环境的总得分，也就是该产地茶原料品质的得分，满分为90分。这个办法可以对所有产地的茶原料做出品质的评价，都放在生态这杆秤上分高低。茶好不好，先看生态。万物虽多，其治一也。

（二）茶综合评价标准体系的构建

在现有的技术类标准里，把与茶品质直接相关的项目提取出来。比如茶内含物质的含量、比例，功效的强弱、活力，分子的大小，基因的排列；各类农残含量，重金属含量等，按项目对各指标进行量化，之后做权重，构建成一套技术指标打分系统。

品鉴学标准相对较简单一些，需要把各品鉴项目，转化为用数字呈献的打分系统就可以了。

这两项工作有一定的工作量，需要组织茶专家，生态、植物、气候、土壤等方面的专家共同研究讨论，经过实践进行调整，就可以构建出打分系统。

技术标准和品鉴标准事实上也是与茶生长的生态环境的优劣直接相关的，指标的好坏与生态环境的优劣也是呈

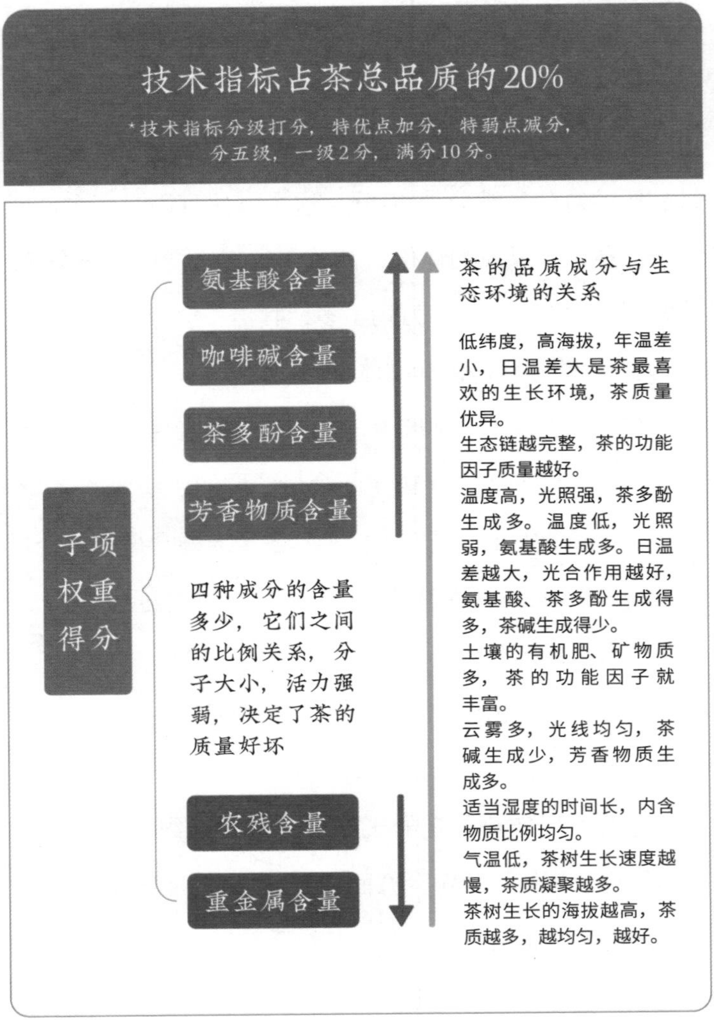

技术指标占茶总品质的20%

*技术指标分级打分，特优点加分，特弱点减分，分五级，一级2分，满分10分。

子项权重得分

- 氨基酸含量
- 咖啡碱含量
- 茶多酚含量
- 芳香物质含量

四种成分的含量多少，它们之间的比例关系，分子大小，活力强弱，决定了茶的质量好坏

- 农残含量
- 重金属含量

茶的品质成分与生态环境的关系

低纬度，高海拔，年温差小，日温差大是茶最喜欢的生长环境，茶质量优异。
生态链越完整，茶的功能因子质量越好。
温度高，光照强，茶多酚生成多。温度低，光照弱，氨基酸生成多。日温差越大，光合作用越好，氨基酸、茶多酚生成得多，茶碱生成得少。
土壤的有机肥、矿物质多，茶的功能因子就丰富。
云雾多，光线均匀，茶碱生成少，芳香物质生成多。
适当湿度的时间长，内含物质比例均匀。
气温低，茶树生长速度越慢，茶质凝聚越多。
茶树生长的海拔越高，茶质越多，越均匀，越好。

茶的技术指标模型图

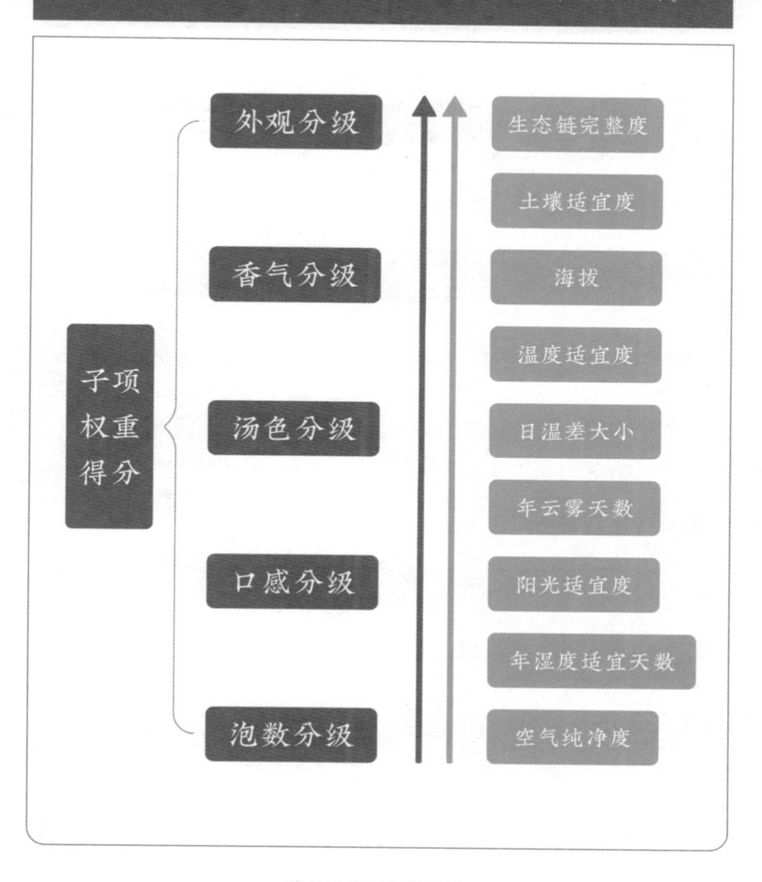
以品鉴学标准对茶进行分级打分
茶品质总得分中权重占20%
*品鉴指标分级打分按茶类标准分成五级，一级2分，满分10分。
子项权重得分
外观分级
香气分级
汤色分级
口感分级
泡数分级
生态链完整度
土壤适宜度
海拔
温度适宜度
日温差大小
年云雾天数
阳光适宜度
年湿度适宜天数
空气纯净度

茶的品鉴指标模型图

茶品质评价体系

60% 九大生态要素	· 生态链完整度（18%） · 海拔（16%） · 土壤状况（16%） · 年温度状况（10%） · 年、日温差（9%） · 阳光照度（9%） · 年湿度状况（8%） · 年云雾天数（8%） · 空气质量（6%）
20% 茶的技术指标	· 氨基酸含量 · 咖啡碱含量 · 茶多酚含量 · 芳香物质含量 · 农残含量 · 重金属含量
20% 茶的品鉴指标	· 外观分级 · 香气分级 · 汤色分级 · 口感分级 · 泡数分级

茶的品质评价模型图

正比关系的。

有了茶原料、技术指标、品鉴指标三个打分办法，三者之间再权重，就可以组合成一个综合的打分系统的模型。这个茶品质的综合评价系统的模型，能对任何一个国家、任何一个产地、任何一个工艺的茶，做出科学准确的打分评价。从而就能把所有的茶做品质对比，分出高低上下。

四、以标准为依据破解产业发展难题

茶品质综合评价标准体系，覆盖了欧美以食品安全为诉求的标准，跨越了地理标识仅以注明某茶出于某地的作用，在明确了茶的原料品质的前提下，才能明确加工技艺的价值和意义。标准体系会成为世界的茶标准，可以评价天下茶。将起到推动茶的优化种植、公平交易、明白消费等全方位的作用，这是标准的意义所在和最终目的。

1.造就中国茶的世界品牌

品牌的基础是品质，品质由标准来背书。没有品质评价标准，就没有以品质优异为支撑的真正品牌。好茶=好的原料+恰当的加工。从茶的原料上，茶的发源地是中国，就因为中国一部分地区有最适合茶生长的生态环境，能生长出最优质茶叶原料。其他国家的茶叶种植都是移植于我国，茶树辈分低，生态环境必然有衰减，功效弱品质必然相对低。如《中庸》所言："道也者，拟不可移也，可离非道也。”茶在中国被赋予了生命的道法，有属于茶的最好生态，离开了茶的出生地，衰弱是必然的。在加工上，中国积累了上千年的制茶经验，各种加工工艺炉火纯青，国外能加工的我们都能做，而且能做的更好，我们做出的很多茶，外国不会做，甚至没见过、喝过。真正最高品质的好茶必出自中国，欠的是茶品质综合评价体系标准的东风。

用评价标准，可以评出中国十大品类名茶，六大茶类十大名茶，地方名茶，中国十大名茶。这样才能涵养出真正以高品质为基础的知名品牌，茶企方能做大做强，产生出带动产业发展的龙头企业。

中国是茶叶发源地国，茶叶大国，最早发现和使用茶，茶融入了中国几千年的丰富文化内涵。茶在中国是文化，在国外仅仅是健康饮品，维度高低一目了然。中国优质茶完全可以做到无农残，拆下中国茶走向世界的一道门闩。中国的优质茶有了科学的标准背书，成为与中国茶应有地位相匹配的世界名茶，只是时间问题。

2.使茶产业调整升级成为可能

我国是茶的大国却不是强国，基本情况是量大质低，摆脱不了农残的阴霾，使茶产业的调整升级举步维艰。建立了评价标准，仿照退耕还林的办法，按标准逐渐淘汰只能产出低品质茶的种植区，置换成适宜其生态环境的作物，保留传统名茶的核心区域。另一方面鼓励能产出优质茶的产区扩大种植，向生态种植发展。目前我国海拔在800~1600 米的山区，因气温低粮食产量小而大量荒置，而这些地方恰恰是产出优质茶的地区，配套相应扶持政策，鼓励种植生态茶，把茶从追求产量转到追求品质上来。

茶产业的调整升级，会造成一些地方经济上有一定的损失，一些传统的茶产区被证明种不好茶，从思想感情到生产习惯一时都不易接受，所遇到各种阻力是可想而知的。产业的调整升级从来就不是一件容易的事情，为了减少土地的浪费，提高国家土地利用率，茶产业可持续的健康发展又势在必行。只能从全局观出发，充分发挥社会主义优越性，以集中力量办大事的决心，自上而下地制定政策和实施办法，推动茶种植资源优化布局调整，达到茶产业升级的目的。让青山绿水就是金山银山的理念，在茶产业上得到落实。

3. 中国文化复兴的重要象征是世界话语权，而话语权是以持有标准为背书的。

自鸦片战争中国茶流失后，逐渐被边缘化。中国声音、中国标准在国际上聊胜于无，国际上主导的是以食品安全要求制定的欧美标准。我国茶量大质低、大而不强的状态，与茶发源地国，最悠久的历史，最优质的茶叶，最灿烂的茶文化应有的地位相去甚远。

标准是话语权的基础，建立茶的生态标准，构建了茶更全面更科学的综合评价标准体系，完全覆盖了欧美标准，中国茶标准必然会成为世界茶标准。这相当于获得了世界茶话语权的条件和资格，天下茶好坏，要以中国标准来评判。采集世界各地茶样，做出准确的品质评价，按照评价结果进行排序，每年向全世界发布一本世界茶叶状况蓝皮书，公布世界好茶100位排名。中国真正的优质茶会占据领先的位置，促使中国茶扩大优质茶的份额，让茶这个中国文化的绝佳载体，在世界上闪耀东方的光芒。伴随着复兴的脚步，中国正走向世界舞台的中央，以中国的世界茶标准，回归到本来的位置上，指点茶的江山。

2023年1月5日

后　记

烧水煮茶，当叶片在水中缓缓舒展，芳香四溢盈满于室，我们便得以亲近自然。一道茶，抚平了内心的焦虑，在一片叶子里，我们抵达了远方，也收获了健康、平静，以及自然给予的能量。

茶杯上水汽袅袅，心头思绪万千。不知不觉间，闯入茶的世界已经13年之久。古人曾感叹“十年一觉扬州梦”，如今回想，我不禁也有恍若隔世之感。“吾生也有涯，而知也无涯”，茶的世界是无涯的，以有涯随无涯，竟乐此不疲，乐而忘返。

我在很多场合讲茶，听者往往会吃惊于我对茶的执着与狂热。那是因为他们不知道，茶对我意味着什么。与那些被茶的芬芳香气或醇厚滋味所吸引而迷上茶的茶客不同，茶是我的“救命”之物，茶给了我第二次生命。大学毕业后，我在商业部供职10年，之后很长一段时间一直从事海外文物的回流工作。20年的时光，我在不同年代不同形式的“虽死犹生”的历史证据中穿梭，寻宝、鉴定、收购，为它们找到安放之所。

中华文明历史悠久，留下了不计其数的艺术品，以古代佛造像和青铜器为翘楚。在我看来，它们是三维立体、综合性最强的艺术品类，反映那个时代的社会形态，信仰、价值观，凝结着当时最高的工艺水平和艺术审美。如今想来，那是一段“乱花渐欲迷人眼”般五彩斑斓的日子。我与一件件穿越千百年光阴、身世传奇的艺术品相遇，心生敬畏与赞叹。我得以向国内外文物界大师级的前辈请教学习，对文物的品鉴功力与日俱增。我辗转世界各地，将那些流落海外的堪称国宝级的文物带回祖国，先后为国家博物馆、国家文物局、上海博物馆、保利博物馆、龙门石窟等地提供了数十件藏品，让国人同胞能够不出国门在自己国家的博物馆近距离观看欣赏……

世间所有美好的事物，都容易惹人起贪痴之心，更何况我面对的是打捞于历史长河、蕴含着璀璨文明的顶级艺术品，它们是那个时代的代表，是历史最真实的部分。

这份贪痴之心，总让人有时不我待的紧迫感。那些年，我马不停蹄地走访国外的博物馆、参加拍卖会、策划艺术展览，希望把珍贵的文物带回国内，同时也希望让更多人领略到中国博大精深的古代文明之美。

写至此，我想起茨威格的一句话，“所有命运的馈赠，早已标好了价码”。这句话或许并不准确，却让我心有戚戚焉。我以微渺之躯，与诸多精妙绝伦、大美无言、惹人动容的艺术品相对。这些艺术品，曾深埋于黑暗阴冷的地下，曾遭遇风吹雨淋的洗礼，在颠沛流离中得以幸存。我虽是唯物主义者，却也深知，它们身上有一股无法言喻的神秘力量。

不知是常年奔波劳碌所致，还是日积月累我被那股神秘力量所侵蚀，我的身体突然出现很大的问题。当时我才不满五十，正值壮年，却体虚乏力到极致，都不能一口气从一楼走到二楼。国人素来以“油瓶倒了都不扶”形容一个人惫懒，我却是一旦坐下，真的连扶起眼前油瓶的愿望都没有，并非懒，而是心有余而力不足。

我抱着有病治病的心态去了医院全面体检，找了专家诊治。一系列检查后，身体各项指标自然不容乐观，却始终没有找出具体的病因。专家们开了调理的药，我遵医嘱吃完，身体却不见任何好转。

后来有常喝茶的朋友建议我喝茶，因为我之前从来不喝茶，嫌茶不好喝又很麻烦。朋友就说要想有效最好喝大树茶，刚好一熟人的老家在云南的大山上，说他们那的茶好喝。茶寄到了，只有两个半大的塑料袋，我打开来看，大小长短不一，就是些灰绿色的干树叶，我心想这算什么茶呀。朋友告诉我这些茶是从很高的树上摘下来的，只是晾干，也没进行什么加工，但是味道好。我一喝，别的不说，有股说不出来的天然风味，不苦不涩的，倒是清透甜润。我买了个大号的飘逸杯，每天一到办公室就抓上一把冲上一大杯，一直喝到下班回家。两包茶很快喝完了，我就打电话给朋友，说这茶看着多但很快就喝完了，请他给多寄点。没多久两大纸箱就寄来了，因为挺好喝的，泡着又方便，就这样喝了一年。改变是不知不觉间的，上楼也不心慌气短了。又到了检查身体调血糖药的时候了，住进了医院开始逐项检查。B超大夫惊呼，你原来是个里外都是脂肪的大油肝，以后肯定肝硬化，现在怎么成中度脂肪肝了。检查完回到病房，一会儿护士叫我去主管大夫那，大夫正在电脑上看我的各项指标数据，大夫用奇怪的眼神看着我问，“你干什么了？怎么指标全正常了？”我一时也愣了，我没干什么呀。他拉我到护士站的秤上一称，整整掉了36斤。大夫说我已经正常了，还喃喃自语地说：“这太奇怪了，怎么可能呢？”之后大夫跟我说糖尿病的药不用换了，还要减点量。我像中了大奖一样回了病房，也在想怎么回事。是呀，我现在体力和精力好像真的好多了，因为是个缓慢的过程，并没有明显的感觉。但是我恢复了健康这是个事实，为什么呢？忽然知道了，这一年中我唯一的改变就是天天喝茶，因为糖尿病喝的量还比较大。对，让我“死里逃生”的还魂草，就是那来自山野不起眼的叶子。多年后想想，一是我之前从不喝茶，二是喝的是力量最强的野生大树茶，而且量大连续。不管怎么说，是茶让我重新享受到有质量的生活。以性命相交，必以赤诚相待，还有什么比生命更重要吗？我决定走进茶的世界，想知道这个中国人喝了千年，我前半生漠视的茶，究竟为什么那么的神奇。先要去看看把我喝回健康的茶长什么样，就这样相约去了茶山。

飞机到昆明，经过七八个小时汽车的颠簸，终于在山下安顿下来。当地人知道城里人爬不了大山，第二天早上找来了驴和骡子，因为没有人骑的鞍子，只有上山砍柴驮柴的木架子，借几床褥子叠成四层垫上。在山民老乡的帮助下骑上了骡子，前面一个人牵着走。刚开始还有小土道，没多久就完全没路了，大多是下雨被水冲出来的土沟，在树林间曲曲折折，一些地方还非常陡峭。我双手紧紧抓住木架子努力保持平衡，心想要是掉下来滚下山就麻烦了。我被两边的树技不断抽打，脸上胳膊上被刮得生疼。途中遇到一片不大比较平坦的草地，我便大喊要休息一下。我浑身骨头像要散了架，被扶着下了骡子，一屁股坐在草地上，哎哟好疼啊，一摸屁股已经磨破了，大片大片火辣辣地疼，只能侧躺着喘气，吃两个带的面包。一时间就在想，我干吗跑到这个地方来找什么茶呀，出发时满满的信心迷茫了。继续向上爬，终于到了一个只有不到10户人家，错落在山坡树林里的小村子，进一户他们相熟的人家，想休息一会儿，再出村看了茶树早点往回走。却被告知，要看到我喝的那个茶的树，还要往上爬，今天是下不了山了。这种路当地人天黑了都不敢走，因为道路崎岖不好辨别方向，在森林里迷路就太危险了，而且森林里还有野猪、狗熊、猴子等野生动物。此时我情绪都快崩溃了，可是既然已经走到这里了，不能半途而废，再怎么样也要看到茶树。在几个村民你拉我推中，跌跌撞撞终于来到茶树下，真的被惊倒了。找个落叶厚的地方轻轻坐下，抬眼望去，巨大挺拔的茶树屹立在森林之中，两个人才能抱过来，30米高的茶树呀，完全颠覆了我的想象，看了一下海拔2540米。这是大自然的造化，这是茶中的王者，我们对大自然的认知还十分可怜且渺小，各种思绪在脑子里飞快地旋转，一路的辛苦早已烟消云散，沉淀下来的想法是我应该为它做点什么。回到山民家，弄上炭火盆。一盆山泉水煮上鸡块，另一盆山泉水开了下山野菜，好了放点盐，那个美味现在还鲜着呢。天黑下来，抬头仰望，天上的星星比芝麻烧饼上的芝麻还多，才知道原来天上能看到那么多星星，密密麻麻地干干净净地在闪烁，给大山铺上了一层淡蓝色的纱巾。茶，对我来说也许就是了解大自然的一把钥匙，隐隐约约地感到这是一个机缘，在引导我上路。

回到北京，有一件重要的事情要做，拜师。文物工作让我真切地体会到，高水平的老师是多么的重要。好像就是要走上茶路似的，下海前机关的同事正管茶，不到一个月就见到了刘仲华教授并拜为老师。之后刘教授让我去参加了全国茶学本科教材编委会的会议，因为茶行业在快速复兴，很多院校新开设了茶专业，急需全国统一的系列教材，就集中了全国茶界的泰斗精英分工编写，曾荣幸地把原班人马请到临沧开了一次编委会，那是后话。在这个会上我听了大佬们对茶各方面的见识，对茶行业有了概况的了解，也结识了茶界各方面的专家。从此下决心进入茶这个古老而又年轻的行业。

用了一年的时间，把手里工作和生意都停了，同时弄来能买到、找到的茶书，一头扎了进去。掌握了一定的基本知识，再往下深入的时候，却是越来越迷惑。学习文物有一个特点，首先就是要考证出处以及来龙去脉，至少要做到流传有序。通过对历史阶段、社会价值观、信仰追求、艺术审美、工艺材料等方面的考据，找到衍化的规律和逻辑，来确定一件文物的历史价值、文化价值、艺术价值、材料使用、工艺水平、稀缺性等几个方面，进行综合评价后最终得出文物价值的结论。再看茶，里面有很多东西是不清楚的。比如好茶的概念是什么？众说纷纭，可这是个中心概念，是几乎所有研究的最终指向。茶在哪里起源，人在哪里与茶发生了交集，什么时候迁到了哪里，那么多品种是怎么形成的，干吗要把茶做得五颜六色等，引出来的是一系列问题，在茶书里都难以找到答案。那就更没办法找出它们之间的关系，以及规律和逻辑了。这会儿茶对我来说就一团雾，理不出头绪，找不到抓手。

怎么办？行万里路，读万卷书，行于前。在一个层面上看不清楚的时候，办法是提升维度。说起来就是两句简单的话，可是却经过了长期的煎熬。是挑战，也是际遇。

一方面开始带着问题游历茶山，在现实中找灵感。有一次去看滇红集团的品种园，里面有从全国各主要产区移植来的几十个品种。下了车远远望去，一行行的茶高矮粗细颜色叶片都差不多，看不出不同品种的明显区别。走近了进到茶园里认真看，才能分辨出不大的差别，还要看看标牌印证。问这个品种园有多长时间了，工作人员说已经有好几十年。再问这些江南福建两广的茶，移来的时候就是这个样子吗，工作人员回答说不是，除了本地茶，其他的都在变，一些品种都变得不像原来的样子了。脑子里闪出一句话：一方水土养一方人。茶又何尝不是这样呢？外因通过内因起作用，外因的变化影响内因。茶的外因是生态环境，包括海拔、温湿度、阳光云雾等，一个生态环境的外因条件下，最终只能生长一种茶，内因改变是缓慢的，需要较长的时间。知道了不同的茶树品种是因为不同的生态环境生成的。顺着这个切入点深入展开，引出生态环境与茶原料功效强弱的关系等问题的逻辑关系。茶生长的海拔最高是多少？几年跑下来，看见的最高海拔是2800米，再高即使有茶树，也产量小且长得不像样。

另一方面是找植物学家、生态学家请教，从大规律和基本原理的层面上来看茶。从生命发展史到地球发展史的研究成果，去窥探茶的发源地。去社科院讨教儒释道的思维方式和看问题的方法。一天把王守常先生请来听我讲对茶的理解，先生当时是北大哲学教授，中国文化书院的院长。我讲到一个现象时，先生说这个是周易讲的“乾道变化，各正性命，保合太和，乃利贞”的道理呀。我再接着讲，先生说这是《文心雕龙》说的“若统绪失宗，辞味必乱；义脉不流，则偏枯文体”。一时间茅塞顿开，切实感受到了中国传统文化的力量。买来经典，没日没夜从里面汲取营养。我惊奇地发现，几乎每个茶原理的问题，我们的先贤都有一句话给你。在中国文化的运用中感受到圣贤的伟大，文化自信毋庸置疑。恰如张之洞说的："中学为体，西学为用。"

研究茶时，得到最多的是刘仲华教授的帮助。遇到难解的问题，或者是形成了一些新的想法，发给刘教授总能在最短的时间内，得到简单而明确的答复，不仅仅是少走了弯路，更重要的是提高了对茶的认知水平。当然，在学习茶的过程当中，还得到了很多专家学者、茶人朋友的帮助，在这就不一一列举了。一路前行，似乎走的是一条茶最远的路，不知不觉间十余年过去了。

好茶 = 好的原料 + 恰当的加工。最好的原料在最完美的生态环境，最完美的生态环境在茶的发源地，在众多的野生种里去找到最原始的品种。加工简者为上，最原始的品种有不用加工天生好喝的吗？找到了。站在这几十米高的茶树下，抚摩着它虽古老却依然苍劲的身躯，这是茶的故乡，我们把它命名为茶祖。

天刚亮山民上山采鲜叶，中午11点送到山上土路的尽头，装在预先编好的竹篓里，开车狂奔昆明机场，晚上9点多降落长沙，令我感动的是刘仲华教授亲自冒着大雨到机场接，到了实验室已经是晚上11点了，被叮嘱留下的六七位实验室人员，立刻把还十分鲜嫩的茶叶，投入了各种实验设备当中，经过一路的颠簸，茶在实验室散发着浓郁的清香。教授的团队用了几个月时间，做了一份超出正常要求范围的检测报告。此茶内含物质全为单分子，活力功效强而且平衡，超强抗辐射，10个指标5项极优异，释出率50.04%，不同水温泡都好喝，冷水浸泡20分钟尤其甘醇。

研究成果做成PPT讲给朋友们听，听到了一些好的建议。将从大山上带回来的茶与爱好者分享，一起喝茶的朋友多了。遇上了因喝酒把身体喝倒了，又因喝茶站起来的梁本远先生，对茶有极大的热情和喜爱，为茶做过很多有益的工作。并把茶祖推荐给了国家航天办公室，因为具有代表性，被选上由神舟十四号于2022年6月5日带上了太空，12月4日顺利返回地面，正在安排育种和后续研究。

曾经深深为古代艺术品着迷，在千年以上的精美文物面前，我们不过百年血肉之躯的匆匆过客，只应在乎曾经享有，无论如何都无法永远拥有闪耀着永恒之光的艺术品。

茶是一种不求索取只讲奉献的植物，且具备伟大的分享精神，是上天赐予人类的健康保护神。在漫长的中华文明史里，茶的身影无处不在。中国人饮茶不仅仅是健康，还是文化，是情怀，是智慧。我不是科学家也不是哲学家，甚至算不上茶学者，所言所述算不上精深圆满，但为茶找到的方向、方法和结论坚信不疑。我遇到了茶，被茶的神奇所感动。大山我不虚此行，把十余年的摸索历程，像一款茶一样分享给对茶有兴趣的朋友们。每个爱茶的人都有权利明明白白喝茶，喝一杯好茶，喝一杯健康幸福的茶。

茶 概览

站在茶的发源地，

尽览天下茶演绎。

海拔与茶树的品种、大小呈对应关系。

		海拔	茶最高的海拔
		野生茶	2800米
大乔木种茶			1750米
中乔木种茶	大叶种	人工栽培型茶	1200米
小乔木种茶			800米
大灌木种茶	中叶种		500米
中灌木种茶			200米
小灌木种茶	小叶种		0

低海拔的灌木种茶，再移种到高海拔，就不可能恢复成乔本种茶树。

海拔越高：

生态越好，茶树越高大，树龄越长。

茶质越多，功效越强，原料质量越高。

以上六者呈正比关系。

好茶 =

茶原料的质量是由生态环境决定的，生态好，茶的原料才好，才可能制出好茶。

最完美的生态环境在长出第一株野生茶的地方，那是茶的发源地。

6000万年前，茶发源于澜沧江
临沧是发源地的核心区，
临沧的高山原始森林，
是世界所有茶唯一的祖庭。
完美的全生态环境，
生长出的是完美的茶原料。

影响茶原料品质的九大生态要素，它们最好的状态是：

1. 生态链：天然的完整生态链。 2. 海拔最高的2800米。 3. 土壤：富含有机肥和矿物质。 4. 气温：四季如春的气温。 5. 温差：日温差大于10摄氏度。 6. 云雾年云雾笼罩100天以上。 7. 阳光：强烈充沛且被森林和云雾遮蔽30% ~ 40%。

顶级好茶=茶发源地完美的

好的茶原料 + 恰当的加工

茶为了去苦涩而加工，大道至简，加工以简者为上。

茶树自然迁徙了近6000万年，
人为迁徙了3000多年。
秦代 迁到四川盆地，
魏晋南北朝 出三峡进入长江流域，
唐代 进入福建和珠江流域，
宋代 抵达广东、广西、海南和台湾地区，
明清 中国四大茶区形成，
清末 被运抵印度和斯里兰卡，
现有七十多个国家和地区在种植茶叶。

茶的迁徙趋势是自上而下的

茶，兴于唐，盛于宋。茶，唐前为药，唐后为饮。
唐前，茶叶的加工是为了方便运输和储存。
唐后，加工是为了让茶能好喝。
茶的加工是为了去除茶里以苦涩为主的不良口感。
茶的加工工艺有：
萎凋、杀青、揉捻、发酵、烘焙、陈放。
茶原料的苦涩度越重，使用的工艺就越多越重，
制出茶的颜色就越深。加工是被迫，是无奈。
依次形成了：
白、绿、黄、青、红、黑六大茶，
加工的同时，也是对茶内含物质和活力的损害。
好的加工是用最少的工艺让茶好喝。
加工以简者为上，原料好、加工少者为茶中上品。

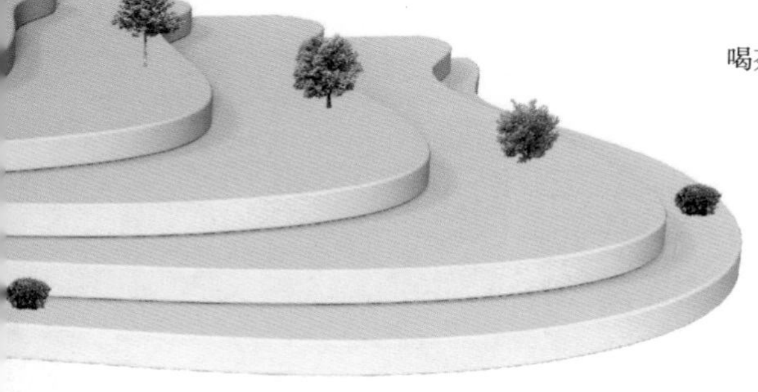

喝茶：越喝海拔越高，
越喝茶树越大，
越喝加工越少
越喝越近自然。

8.温度：全年土壤含水量恒定在60%~75%。 9.空气：没有污染的纯净空气。
随着海拔的降低：气温越来越高，茶树生长越快，所凝聚的茶质越少，活力和功效越弱，
九大生态要素都会逐渐衰减，甚至丢失，茶树为了存活只能越来越矮、叶子越小。

料 +天然好喝而无须刻意加工

茶 喝的是环境，悟的是境界。
品的是造化，享的是福报。

作者简介

鞠肖男

文物收藏家，茶人。

文物收藏家：从事海外重要中国文物回流工作，为保利博物馆、上海博物馆、龙门石窟研究院、国家文物局、国家博物馆提供藏品。

茶人：2009年起开始探茶山，拜名师，十几年专注研究茶。致力于寻找茶的发源地，究竟茶的根本性问题。论证明确了茶的发源地，形成了认识茶的新体系。

图书在版编目（CIP）数据

喝茶问祖 / 鞠肖男著. -- 北京：中国青年出版社，2023.6

ISBN 978-7-5153-6779-8

Ⅰ. ①喝… Ⅱ. ①鞠… Ⅲ. ①茶文化—研究—中国 Ⅳ. ① TS971.21

中国版本图书馆 CIP 数据核字（2022）第 183619 号

喝茶问祖

作　　者：鞠肖男
责任编辑：吕娜
出版发行：中国青年出版社
社　　址：北京市东城区东四十二条 21 号
网　　址：www.cyp.com.cn
经　　销：新华书店
印　　刷：山东新华印务有限公司
规　　格：787mm × 1092mm　1/32
印　　张：7.5
字　　数：105 千字
版　　次：2023 年 6 月北京第 1 版
印　　次：2023 年 6 月山东第 1 次印刷
定　　价：89.00 元
如有印装质量问题，请凭购书发票与质检部联系调换
联系电话：010—65050585